Veröffentlichungen aus der
Forschungsstelle für Theoretische Pathologie
(Professor Dr. W. Doerr)
der Heidelberger Akademie der Wissenschaften

Supplement 2 / Jahrgang 1977
zu den Sitzungsberichten der
Mathematisch-naturwissenschaftlichen Klasse

H.A. Gathmann R.D. Meyer

Der Kleeblattschädel

Ein Beitrag zur Morphogenese

Mit 77 Abbildungen

Springer-Verlag
Berlin Heidelberg New York 1977

Dr. H. A. Gathmann
Pathologisch-Anatomisches Institut
Krankenhausstraße 8–10, 8520 Erlangen

Akademischer Oberrat, Dr. R. D. Meyer
Frauenklinik und Poliklinik Charlottenburg
Röntgen- und Strahlenabteilung, Pulsstraße 4/14,
1000 Berlin 19

Pathologisches Institut der Freien Universität Berlin, Klinikum Westend (damal. Direktor: Prof. Dr. V. Becker)

Pathologisches Institut der Universität Erlangen-Nürnberg (Direktor: Prof. Dr. V. Becker)

Frauenklinik und Poliklinik Charlottenburg der Freien Universität Berlin (Direktor: Prof. Dr. H. Lax)

Gedruckt mit Unterstützung der
Deutschen Forschungsgemeinschaft

ISBN-13: 978-3-642-66771-8 e-ISBN-13: 978-3-642-66770-1
DOI: 10.1007/978-3-642-66770-1

Library of Congress Cataloging in Publication Data. Gathmann, H. A., 1942-. Der Kleeblattschädel ein Beitrag zur Morphogenese. (Veröffentlichungen aus der Forschungsstelle für Theoretische Pathologie der Heidelberger Akademie der Wissenschaften) (Supplement zu den Sitzungsberichten der Mathematisch-naturwissenschaftlichen Klasse; Jahrg. 1977,2) Bibliography: p. Includes index. 1 Kleeblattschädel syndrome. I. Meyer, Roelf-Diedrich, 1923- joint author. II. Title. III. Series. Heidelberger Akademie der Wissenschaften. Forschungsstelle für Theoretische Pathologie. Veröffentlichungen aus der Forschungsstelle für Theoretische Pathologie der Heidelberger Akademie der Wissenschaften. IV. Series: Heidelberger Akademie der Wissenschaften. Mathematisch-naturwissenschaftliche Klasse. Sitzungsberichte: Supplement; Jahrg. 1977,2.
RD763.G37 617'.371 77-20792

Softcover reprint of the hardcover 1st edition 1977

Herrn Professor Dr. Dres. h. c.
Erwin Uehlinger (Zürich) gewidmet

Zum Geleit

Aus der Arbeitsstelle „Theoretische Pathologie" unserer Akademie der Wissenschaften sind bisher *Miszellen* hervorgegangen, die zwar in der Reihenfolge ihres Einganges, aber unter Zugrundelegung bestimmter Kriterien zur Veröffentlichung kamen: Es handelte sich (1.) um das kunstgeschichtliche Werk von Veit H. BAUER über das St. Antoniusfeuer, also um den Beitrag des berühmten Hieronymus BOSCH zur Kenntnis dessen, was man heute Ergotismus nennt. Es handelte sich (2.) um die Darstellung der Problemgeschichte der Entdeckung der Trichinella spiralis und deren pathologischer Leistung durch Volker BECKER und SCHMIDT. Es folgten (3.) die „Spätfolgen extremer Lebensverhältnisse", also eine „Heimkehrerstudie" und (4.) die Aufschlüsselung des Leichenöffnungsgutes des Heidelberger Pathologischen Institutes seit 1841. Beide Studien W.-W. HÖPKERS tragen „quantifizierende" Züge, möchten also das Beobachtungsfeld nach Maß und Zahl „aufbereiten". Konnten „Kunstgeschichte" und „Problemgeschichte" auf der einen, Aufbereitung aller Daten großer Beobachtungskollektive auf der anderen Seite die jeweils äußeren Grenzen dessen abstecken, was Theoretische Pathologie ausmacht, wurde durch RÖSSLES Briefwechsel mit HAMPERL (5.) versucht, den *Zentralpunkt* einer Theoretischen Pathologie dadurch zu *markieren,* daß einer ihrer geistigen Begründer (R. RÖSSLE) selbst zu Worte kam. Peripherie und Zentrum füllen eine Kreisfläche noch lange nicht mit Leben. Hier muß eine Anreicherung im Sinne einer Materialsammlung versucht werden, damit durch paradigmatischen Gebrauch derselben *und* durch Zusammenfügen der Mosaiksteine ein Gesamtgebäude entstehen kann. Wiederum hat W.-W. HÖPKER, damals aus meinem Arbeitskreis, Vortreffliches geleistet, indem er unter (unbewußter) Berücksichtigung der Prinzipien einer mathematischen Logik herauszuarbeiten versucht hatte, was eine wissenschaftlich begründete Krankheitsbezeichnung („Diagnose") sei (6.). Daneben aber konnte J. C. HACKETT (7.) zeigen, *wie* man durch minutiöse Vergleiche der Befunde an fossilen Skelett-Teilen, zusammengetragen aus der *ganzen*

Welt, zu Aussagen betreffend Herkunft und Gestaltwandel großer Krankheiten (Syphilis, Frambösie) kommen kann. *Heute* nun soll versucht werden, ein Gebiet sichtbar werden zu lassen, das in ein „Niemandsland“ (J. ERDHEIM) gehört, weil sich „niemand“ zuständig fühlt: Den Neuropathologen ist der Schädel mit Kopfgestaltung „phrenologisch suspekt“, zumindest nicht ausreichend „nerval“, den „richtigen“ Pathologen sind Schädeldach und -basis zu „gehirnnahe“, – so daß sich immer nur wenige Sachverständige fanden, die geheimnisvollen Wechselwirkungen zwischen Gehirnentwicklung, knöcherner Differenzierung der Hirnhüllen und Kopfform anzugehen. Möge das vorliegende Buch gerade durch die eigenwilligen Formen der erörterten morphologischen Sachverhalte „Aufsehen“ erregen und für unser Vorhaben „Ansehen“ gewinnen.

Heidelberg, 1. September 1977 W. DOERR

Inhaltsverzeichnis

I. Definition des Kleeblattschädel-Syndroms nach Holtermüller und Wiedemann

Holtermüller und Wiedemann stellten 1960 eine Mißbildung des Schädels heraus, die sie Kleeblattschädel-Syndrom nannten. Als wesentliche Merkmale gaben sie an:

1. „Kleeblattschädel (Leitsymptom) im Sinne excessiver buckelförmiger Vortreibung der Schädelhöhe nach oben und der beiderseitigen Temporalregionen nach lateral unten mit extremem Tiefstand der Ohren,
2. Gesichtsschädelverbildungen im Orbita-, Nasen- und Kieferbereich,
3. Mikromelie aller Gliedmaßen sowie Hemmungsmißbildungen im Wirbelsäulenbereich (beides nicht obligat),
4. charakteristisches Schädelröntgenogramm sowie Pneumencephalogramm mit hochgradiger Dyscranie und Dysencephalie im Sinne eines Hydrocephalus irregularis permagnus,
5. Progredienz der Erscheinungen und infauste Prognose durch zunehmenden Schädelinnendruck.“

In der Literatur fanden die beiden Autoren bei 12 weiteren Fällen eine teilweise Übereinstimmung (Rudolphi, 1826; Vrolik, 1849; Meyer, 1912; Meyer, 1924; Gruber, 1925; Dietrich-Weinnoldt, 1926; Gruber, 1926, mehrere Fälle; Welter, 1936; Krauspe, 1958, zwei Fälle). Der Vergleich mit einem *Kleeblatt* wurde schon von Schott (1881) gebraucht. Er bezeichnete 1881 die Hinterhauptschuppe bei einem Fall mit generalisiertem Zwergwuchs als kleeblattähnlich. Der von Holtermüller und Wiedemann (1960) klinisch und röntgenologisch beschriebene Fall wurde 1964 von Liebaldt pathologisch-anatomisch untersucht. In der gleichen Arbeit beschrieb Liebaldt noch einen zweiten Fall. Es handelte sich um die über 18 Jahre in Formalin fixierte Leiche eines totgeborenen Kindes, die ihm von Töndury aus *Zürich* zur Verfügung gestellt wurde. Hier bestanden an den Extremitäten noch *Ankylosen.* Liebaldt (1964) fand eine „mesektodermale-angiodysgenetisch“ bedingte Verbildung des Schädeldaches mit davon abhängiger Verhinderung der Hirnentwicklung in der Großhirnachse (Forel) und konsekutivem Hydrocephalus internus ohne primäre Hirngewebsverbildungen. . .“. Liebaldt (1964) unterschied zwei Hauptverbildungsgruppen: a) „isolierte Schädeldachverbildungen . . .“ und b) „Schädeldachverbildungen *kombiniert* mit schädel*fernen* Skeletstörungen verschiedenster Art im Sinne frühzeitiger, determinierender, systemisierter Verbildungen.“

Nach dem charakteristischen Vergleich des Schädels mit einem Kleeblatt durch Holtermüller und Wiedemann (1960) wurden noch mehrere Fälle unter dem Oberbegriff eines Kleeblattschädel-Syndroms beschrieben. Jetzt sind 79 Fälle aus diesem Formenkreis bekannt.

Material und Methode

Wir sahen einen eigenen Fall eines Kleeblattschädel-Syndroms in *Berlin* und verglichen ihn mit Museumspräparaten aus *Erlangen, Amsterdam, London, Prag, Innsbruck* und *Wien.* Die röntgenanatomischen und histologischen Untersuchungen lassen Rückschlüsse auf die Morphogenese dieses Krankheitsbildes zu.

II. Beschreibung des Berliner Falles

1. Fallbericht

Kleeblattschädel. Frauenklinik Pulsstraße der FU *Berlin* (Krankenblatt-Nr. 528/71)
Pathologisches Institut der FU *Berlin* (im Klinikum Westend) (SN 136/71)

Unauffällige Familienanamnese

Mutter 24 Jahre alt, I. para, unauffällige Schwangerschaft. Krankenhausaufnahme in der rechnungsmäßig 31. Schwangerschaftswoche mit Wehenbereitschaft, Muttermund von 2–3 cm Durchmesser. Hydramnion. Bei der Ultraschallmessung des Schädeldurchmessers Werte von 9,5 cm × 12 cm. Hieraus Annahme eines regelrechten Geburtstermines bei Beckenendlage.

Blasensprengung bei einem Muttermund von 5 cm Durchmesser. Abfluß von reichlichen Mengen klaren Fruchtwassers. Nach Eintritt des Steißes in das kleine Becken akute Verschlechterung der Herzaktion gemessen am Cardiotokographen, somit Entschluß zur Sectio caesarea. Entwicklung eines mißgebildeten Kindes mit verformtem Schädel und Mikromelie. In Anlehnung an die ältere Nomenklatur wurde von einem „chondrodystrophischen Kind mit meningocystenähnlichem Kopf“ gesprochen. Der Tod trat wenige Minuten nach der Geburt ein.

Placentamaße: 19 cm × 13 cm × 2 cm. Placentaentwicklung der 37.–38. Woche post menstruationem, ausgedehnte Bezirke stark ödematös aufgelockert.

Chromosomenbestimmung aus einer Lymphocytenkultur des Nabelvenenblutes: 46 xy. – Keine Blutverwandtschaft bei den Eltern. Blutgruppe der Mutter 0 rh negativ, Kind 0 rh negativ.

2. Äußere Besichtigung

Das 40 cm lange, 2250 g schwere, männliche Neugeborene zeichnete sich durch den abnorm gestalteten Schädel aus. Die Stirnpartie war extrem nach oben verlängert, das Schädeldach weich und leicht eindrückbar. Prall gefüllte Hautvenen, besonders lateral (Abb. 1, 2). Vom lateralen oberen Rand der Orbita ging beidseits eine ringförmige Einschnürung aus, die den Schädel von occipital hufeisenförmig umfaßte und sich auch bei starkem Druck nicht verformen ließ (Abb. 1b, 2b). Die Augen wiesen eine Antimongoloidstellung auf. Nasenwurzel und Nasenrücken waren stark eingesunken. Die Ohrmuscheln lagen beidseits in Höhe der Kinnebene bei fast waagrecht verlaufender Längsachse (Abb. 1d, 2d). Dorsal der Verbindungslinie zwischen der lateralen, oberen Orbitawand und den Ohren wölbten sich hamstertaschenartige, auf Druck leicht fluktuierende Ausbuchtungen nach lateral vor (Abb. 1, 2, 3, 4). Eine markstückgroße, im frischen Zustand prall mit Blut gefüllte ovale Ausstülpung mit einem festen, erhabenen Randwall, die an eine kleine Meningo-Encephalocele erinnerte, überragte das

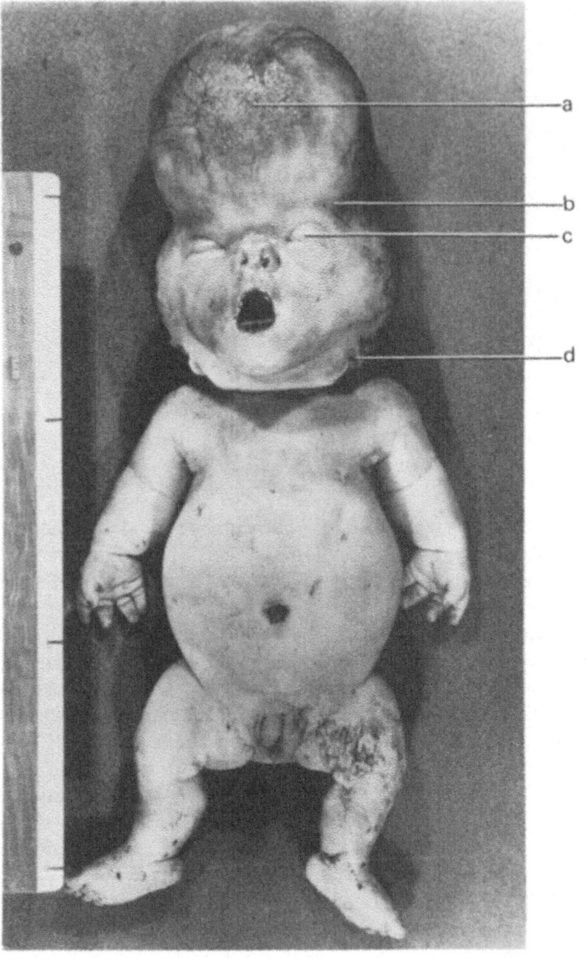

Abb. 1. *Berliner* Fall. Frontalansicht. Symmetrische Verkürzung der Extremitäten

(a) Steile Stirnregion. Gestaute Hautvenen. Laterale Wand der Kalotte ebenfalls stark erhöht
(b) Crista orbito-parieto-occipitalis, innere Knochenringleiste
(c) Antimongoloidstellung der Augen. Eingezogene Nasenwurzel
(d) tiefsitzende Ohrmuschel. Temporallappen des Gehirns unterhalb der Crista orbito-parieto-occipitalis (innere Knochenringleiste)

Hinterhaupt. Das Abdomen war aufgetrieben, die Extremitäten waren verkürzt, die großen Gelenke frei beweglich, die Hautfalten über den großen Gelenken stark betont (Abb. 1).

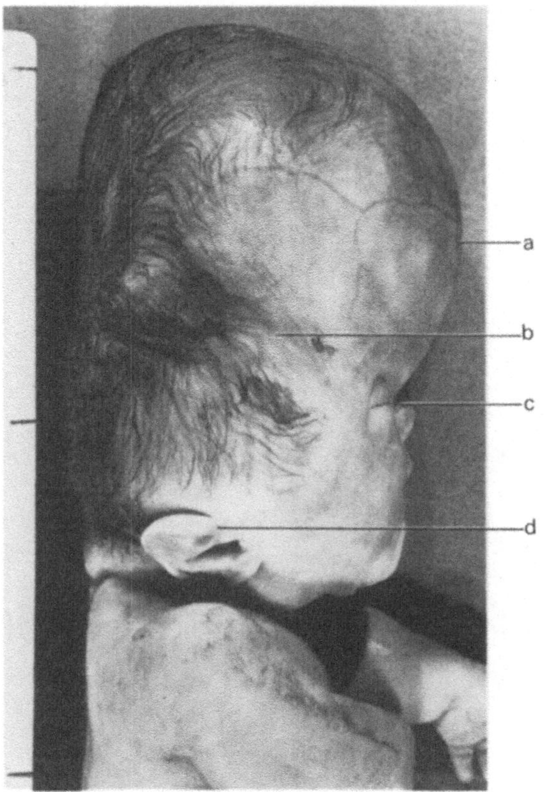

Abb. 2. Seitenansicht

(a) Steile Stirnregion. Gestaute Hautvenen. Laterale Wand und Hinterwand der Kalotte ebenfalls stark erhöht
(b) Crista orbito-parieto-occipitalis, innere Knochenringleiste
(c) tief eingezogene Nasenwurzel
(d) tiefsitzende Ohrmuschel. Temporallappen des Gehirns unterhalb der Crista orbito-parieto-occipitalis, innere Knochenringleiste

3. Postmortale Röntgenuntersuchung und Sektionsbefunde

Der Schädel erinnert in der Frontalansicht mit seiner erhöhten Stirn und den weit ausladenden Schläfenpartien an ein Kleeblatt (Abb. 1, 2, 3, 4). Die Stirnregion enthält nur wenig knöcherne Anteile; zwischen Stirnmitte und Orbitadach besteht keine knöcherne Verbindung. Zentral innerhalb der Stirnmitte liegt ein isolierter dünner Knochen (Abb. 3c, 4c, 5b, 6b), der auf der Innenseite in der Medianebene eine leistenartige Verdickung aufweist. Das Gehirn wird in seinem obersten Abschnitt zwischen dem weit nach vorn vergrößerten, steilen Anteil der lateralen oberen Kalotte (Abb. 3b, 4b, 5c, 6c) und der in der Stirnmitte gelegenen isolierten dünnen Knochenlamelle (Abb. 3c, 4c, 5d, 6d) nur von Haut und

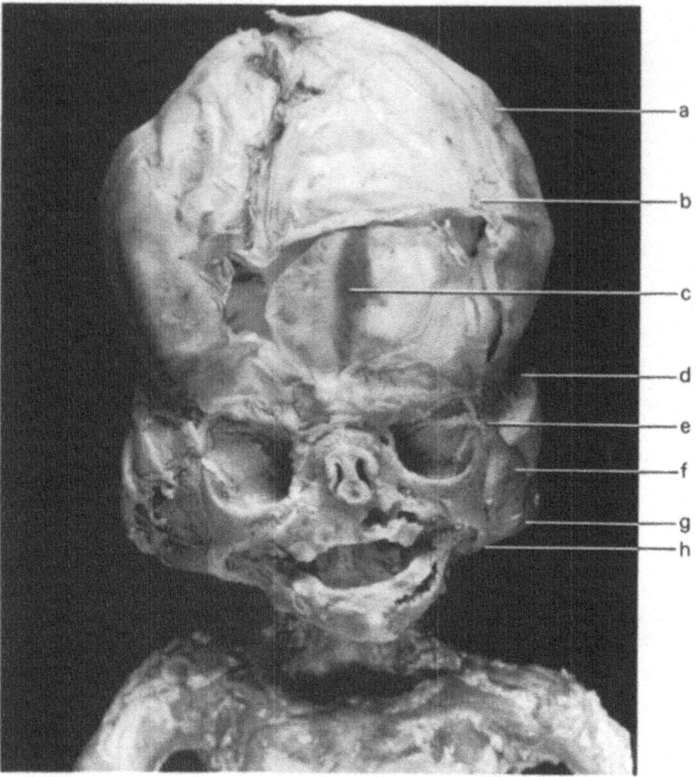

Abb. 3. Ansicht des skeletierten Schädels von vorn (das Gehirn wurde entfernt und die Kalotte wieder verschlossen)

(a) Obere Grenze der lateralen stark gekrümmten, steilen knöchernen Schädelkalotte
(b) vordere Grenze der lateralen stark gekrümmten, steilen knöchernen Schädelkalotte
(c) dünnes, rudimentäres Os (bi)frontale
(d) Crista orbito-parieto-occipitalis, innere Knochenringleiste
(e) oberer Rand des Os zygomaticum
(f) Ala magna des Os sphenoidale
(g) Squama temporalis
(h) hinterster Abschnitt des Arcus zygomaticus
(caudo-occipital davon der Annulus tympanicus)

Hirnhäuten bedeckt. Das Orbitadach, ein Teil des Stirnbeins, ist knöchern angelegt und nur am vorderen Rand leicht verformbar. Die Lücke zwischen diesem Abschnitt des Os frontale und dem oberen vorderen Abschnitt des Arcus zygomaticus (Abb. 3e, 4e) dehnt sich noch über mehrere Millimeter weit aus. Die Facies orbitalis der Alae maioris ossis sphenoidalis weist eine verstärkte Krümmung nach vorn auf. Der Arcus zygomaticus fällt steil nach caudo-occipital ab (Abb. 3e, h, 4h, 5l, 6l). Die Mandibula verläuft horizontal; das Unterkiefergelenk befindet sich in gleicher Höhe wie das Kinn (Abb. 3h, 4h). Der Ramus mandibulae bildet mit dem Corpus mandibulae einen flachen Winkel.

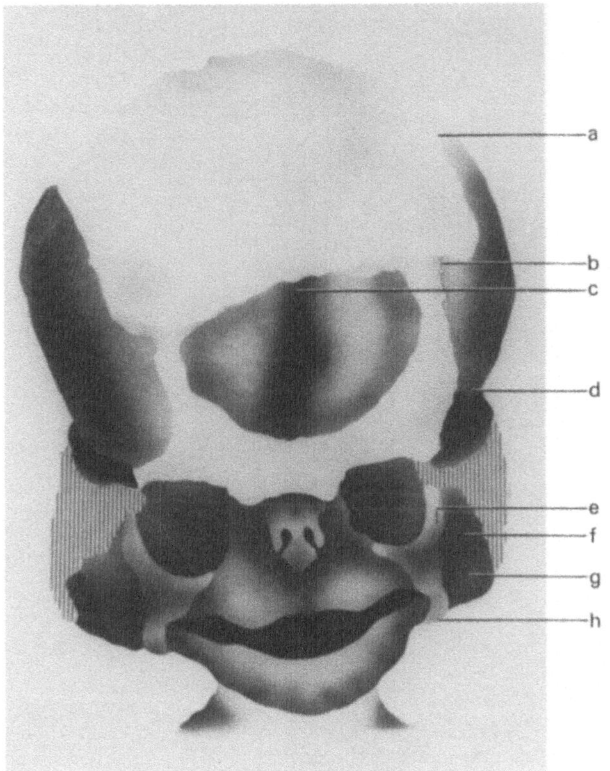

Abb. 4. Ansicht des skeletierten Schädels von vorn

(a) Obere Grenze der lateralen stark gekrümmten, steilen knöchernen Schädelkalotte
(b) vordere Grenze der lateralen stark gekrümmten, steilen knöchernen Schädelkalotte
(c) dünnes, rudimentäres Os (bi)frontale (auf der Zeichnung ist die Asymmetrie des Os bifrontale stark betont). Mediane Verdickung des Os bifrontale am Pfeilende
(d) Crista orbito-parieto-occipitalis, bzw. innere Knochenringleiste
(e) oberer Rand des Os zygomaticum
(f) Ala magna des Os sphenoidale
(g) Squama temporalis
(h) hinterster Abschnitt des Arcus zygomaticus (caudo-occipital davon der Annulus tympanicus)

Vordere Schädelgrube

Die Längsachse ist sehr gering verkürzt; die Entfernung von der Nasenwurzel bis zum Dorsum sellae beträgt 3,5 cm gegenüber 3,8 cm im Normalfall. Der Boden liegt weit oberhalb der mittleren Schädelgrube (vgl. Abb. 12, 16m, 17m).

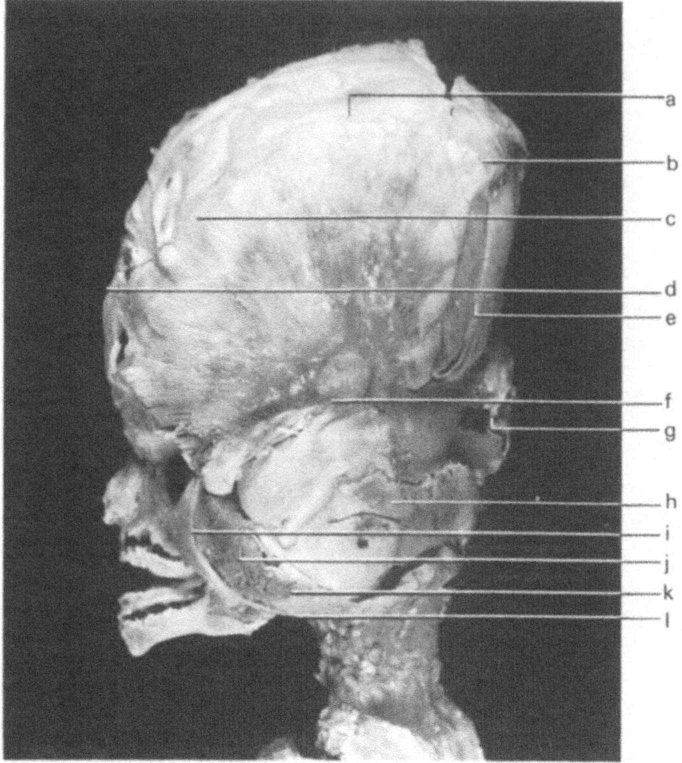

Abb. 5. Ansicht des skeletierten Schädels von der Seite

(a) Oberer Rand der nach lateral gekrümmten, steilen knöchernen Wand der lateralen Schädelkalotte
(b) hinterer Rand der lateralen, oberen Schädelkalotte
(c) vorderer Rand der lateralen, oberen Schädelkalotte
(d) oberer Anteil des rudimentären Os bifrontale
(e) oberer Anteil der hinteren Kalotte
(f) Crista orbito-parieto-occipitalis, bzw. innere Knochenringleiste. Am Ende des Pfeiles ein dünner, fast knochenfreier Bezirk. Auf der Außenseite fast strahlenförmige Verzweigung der Knochenbälkchen von diesem Bezirk aus
(g) Verbildung im Hinterhaupt unmittelbar unterhalb der Vereinigungsstelle der rechten und der linken Crista orbito-parieto-occipitalis. Im Zentrum der Hinterhauptsverbildung nur schwammiges, blutreiches Material. Der laterale obere Rand der Hinterhauptsverbildung aus einem festen, knöchernen Randwall. Entnahme für die Histologie u. a. durch einen horizontalen Schnitt (am Ende des Pfeiles)
(h) dünne nach lateral gekrümmte Knochenlamelle unterhalb des dorsolateralen Abschnittes der Crista orbito-parieto-occipitalis
(i) Os zygomaticum
(j) laterale Seite der Ala magna des Os sphenoidale
(k) Squama temporalis
(l) hinterer Abschnitt des Arcus zygomaticus (caudo-occipital davon Annulus tympanicus)

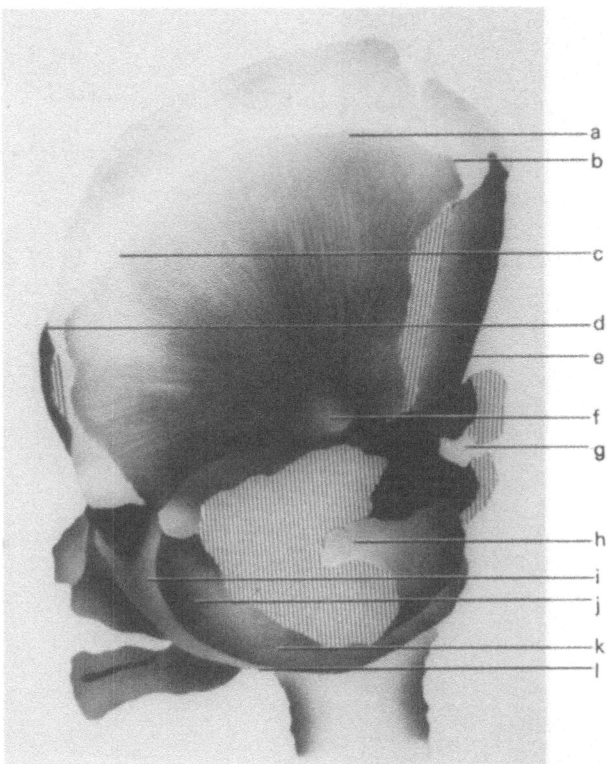

Abb. 6. Ansicht des skeletierten Schädels von der Seite (Zeichnung)

(a) Oberer Rand der nach lateral gekrümmten, steilen knöchernen Wand der lateralen oberen Schädelkalotte
(b) hinterer Rand der lateralen, oberen Schädelkalotte
(c) vorderer Rand der lateralen, oberen Schädelkalotte
(d) oberer Anteil des rudimentären Os bifrontale
(e) oberer Anteil der hinteren Kalotte
(f) Crista orbito-parieto-occipitalis bzw. innere Knochenringleiste, am Ende des Pfeiles ein dünner, fast knochenfreier Bezirk. Auf der Außenseite der lateralen oberen Kalotte fast strahlenförmige Verzweigung der Knochenbälkchen von diesem Bezirk aus
(g) Verbildung im Hinterhaupt unmittelbar unterhalb der Vereinigungsstelle der rechten und linken Crista orbito-parieto-occipitalis. Im Zentrum der Hinterhauptsverbildung nur schwammiges, blutreiches Material. Der laterale und obere Randwall der Hinterhauptsverbildung aus einem knöchernen, festen Randwall. Entnahme für die Histologie u. a. durch einen horizontalen Schnitt (am Ende des Pfeiles)
(h) dünne nach lateral gekrümmte Knochenlamelle unterhalb des dorsalen Abschnittes der Crista orbito-parieto-occipitalis, auf dem Bild nur teilweise zu erkennen
(i) Os zygomaticum
(j) laterale Seite der Ala magna des Os sphenoidale
(k) Squama temporalis
(l) hinterster Abschnitt des Arcus zygomaticus (caudo-occipital davon der Annulus tympanicus)

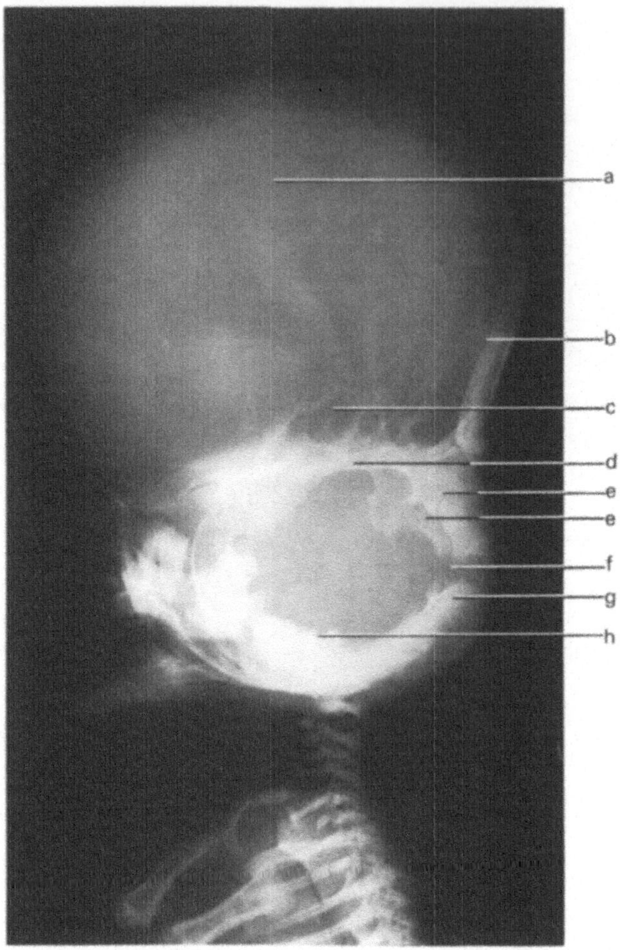

Abb. 7. Schädelröntgenaufnahme von der Seite

(a) Oberer Abschnitt der lateralen Schädelkalotte
(b) oberes Hinterhaupt
(c) dünner, fast knochenfreier Abschnitt in der lateralen knöchernen Schädelkalotte. Auf der Innenseite steil nach oben aufsteigende, knöcherne Verdickungen. Auf der Außenseite fast strahlenähnliche Verzweigung der Knochenbälkchen vom Ende des Pfeiles d aus
(d) Crista orbito-parieto-occipitalis bzw. innere Knochenringleiste
(e) laterale knöcherne Begrenzung der Hinterhauptslücke
nach oben Übergang in die Crista orbito-parieto-occipitalis. Nach vorn Übergang in eine dünne Knochenlamelle (auf diesem Röntgenbild nicht sichtbar)
(f) unterer Abschnitt der Hinterhauptslücke. Hier kein lateraler knöcherner Randwall
(g) Knochen zwischen Hinterhauptslücke und hinterem Rand des Foramen occipitale magnum. Ähnlichkeit des unmittelbar unterhalb der Hinterhauptslücke gelegenen Abschnittes mit einer normalen Pars interparietalis des Os occipitale. Jedoch hochgradige Dilatation der Gefäße, ebenso wie im lateralen Rand der Hinterhauptsverbildung. Hinten median an das Foramen occipitale magnum anschließend die Pars supraoccipitalis des Os occipitale
(h) Bogengang des Innenohres

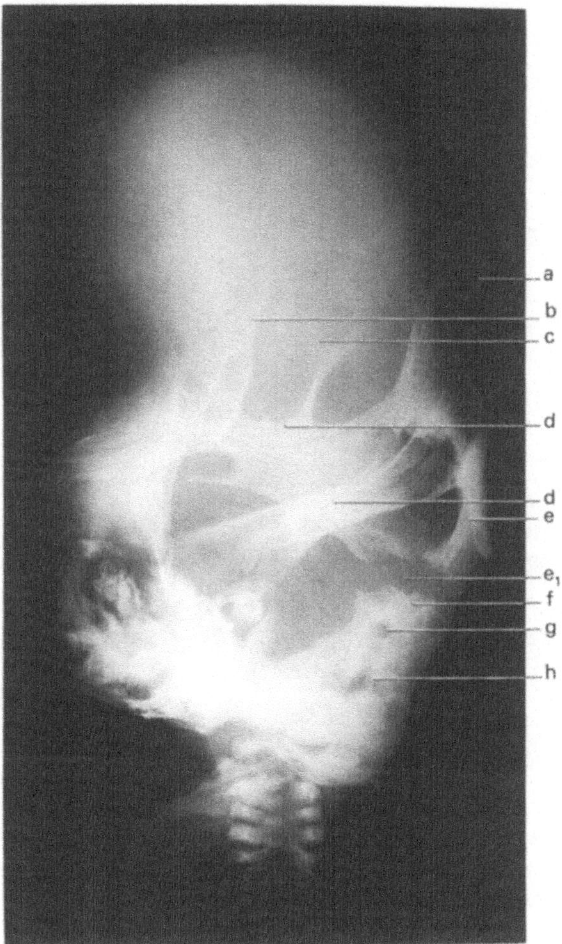

Abb. 8. Röntgenschrägaufnahme auf das Hinterhaupt

(a) Oberes Hinterhaupt

(b) steil nach oben aufsteigende knöcherne Verdickung auf der Innenseite der lateralen oberen Schädelkalotte

(c) steil nach oben aufsteigende knöcherne Verdickung auf der Innenseite der lateralen oberen Schädelkalotte

(d) Crista orbito-parieto-occipitalis bzw. innere Knochenringleiste

(e) lateraler knöcherner Rand der Hinterhauptslücke. Unmittelbar darunter ein schmaler Abschnitt ohne knöchernen Randwall (e_1)

(f) unterer Rand der Hinterhauptslücke

(g) Knochen zwischen Hinterhauptslücke und hinterem Rand des Foramen occipitale magnum. Ähnlichkeit des unmittelbar unterhalb der Hinterhauptslücke gelegenen Abschnittes mit einer normalen Pars interparietalis. Jedoch Dilatation der Gefäße (Pfeilende), ebenso wie im lateralen Rand der Hinterhauptsverbildung (e). Hinten median an das Foramen occipitale magnum anschließend die Pars supraoccipitalis

(h) weiterer Gefäßkanal im unteren Bereich der Hinterhauptsschuppe (Rest der Synchondrosis intraoccipitalis posterior)

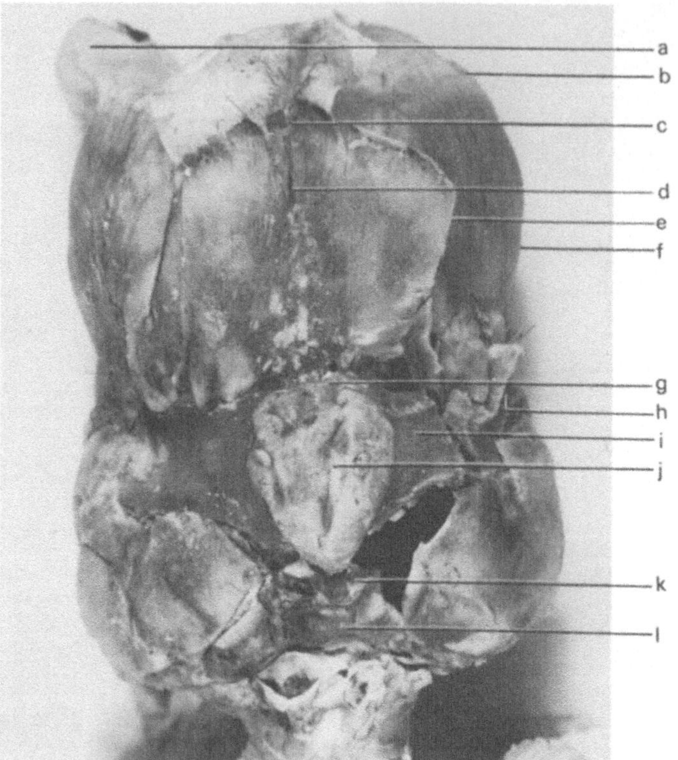

Abb. 9. Ansicht des skeletierten Schädels von occipital

(a) Schädeldach aus weichem, leicht verformbarem Material, z.T. nach links lateral umgestülpt
(b) oberer Rand der nach lateral gekrümmten, steilen knöchernen Schädelkalotte
(c) oberer Rand des oberen Hinterhauptes
(d) dünne, leistenartige Verdickung innerhalb des oberen Hinterhauptes
(e) Grenze zwischen der hinteren und der lateralen Schädelkalotte
(f) laterale knöcherne Schädelkalotte
(g) Vereinigungsstelle der rechten und der linken Crista orbito-parieto-occipitalis am unteren Rand der Hinterhauptslücke. Angedeutete strahlenförmige Verzweigung der Knochenbälkchen auf der Außenseite des oberen Hinterhauptes von dieser Vereinigungsstelle aus
(h) rechte Crista orbito-parieto-occipitalis; nach occipital enge Beziehung zur
(i) rechten knöchernen Wand der Hinterhauptslücke
(j) schwammiges, blutreiches Material innerhalb der Lückenbildung im knöchernen Hinterhaupt
(k) unterer Abschnitt der Hinterhauptslücke. Nur in diesem Abschnitt kein lateraler knöcherner Randwall
(l) fester Knochen zwischen der Hinterhauptslücke und dem hinteren Rand des Foramen occipitale magnum, im oberen Teilbereich Ähnlichkeit dieses Knochenabschnittes mit einer normalen Pars interparietalis bei gleichzeitig stark erweiterten Venen, im unteren Teilbereich Ähnlichkeit mit einer Pars supraoccipitalis

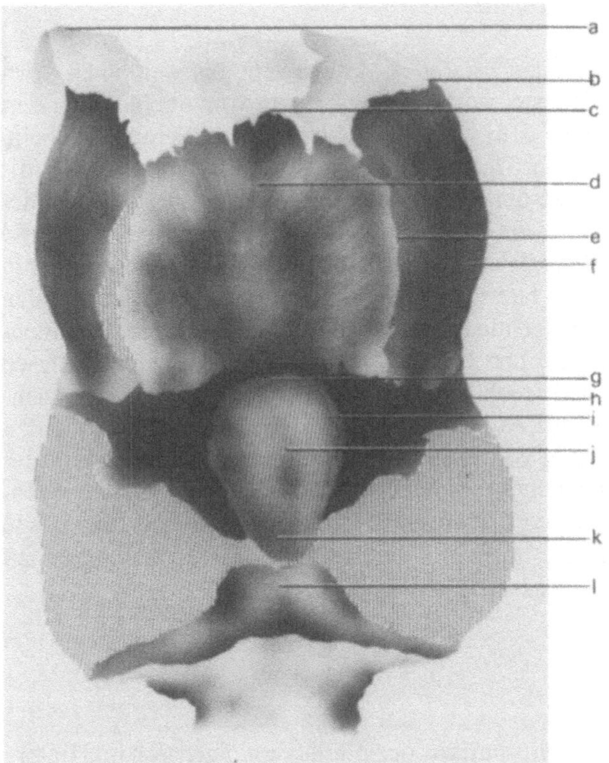

Abb. 10. Ansicht des skeletierten Schädels von occipital

(a) Schädeldach aus weichem, leicht verformbaren Material z. T. nach links lateral umgestülpt
(b) oberer Rand der leicht nach lateral gekrümmten steilen lateralen Schädelkalotte
(c) oberer Rand des Hinterhauptes
(d) dünne, leistenartige Verdickung innerhalb des oberen Hinterhauptes
(e) Grenze zwischen hinterer und lateraler, rechter Schädelkalotte
(f) laterale rechte Schädelkalotte
(g) angedeutet strahlenförmige Verzweigung der Knochenbälkchen auf der Außenseite des oberen Hinterhauptes von dieser Vereinigungsstelle aus
(h) rechte Crista orbito-parieto-occipitalis; nach occipital enge Beziehung zur
(i) rechten, knöchernen Wand der Hinterhauptslücke
(j) schwammiges blutreiches Material innerhalb der Lückenbildung im knöchernen Hinterhaupt
(k) unterer Abschnitt der Hinterhauptslücke. In diesem Abschnitt kein lateraler, knöcherner Randwall
(l) fester Knochen zwischen der Hinterhauptslücke und dem hinteren Rand des Foramen occipitale magnum. Im oberen Teilbereich Ähnlichkeit dieses Knochenabschnittes mit einer normalen Pars interparietalis bei gleichzeitig stark erweiterten Venen, im unteren Teilbereich Ähnlichkeit mit einer Pars supraoccipitalis

Laterale obere Wand der Schädelkalotte

Die knöcherne Wand der lateralen oberen Kalotte reicht bis weit nach vorn (vgl. Abb. 3b, 4b, 5c, 6c). Eine feste, verdickte Leiste zieht vom oberen, lateralen Abschnitt des Orbitadaches und dem lateralen Abschnitt des kleinen Keilbeinflügels nach occipital (Abb. 1b, 2b, 3d, 4d, 5f, 6f, 7d, 8c, d, 9h, 10h, 14f, 16b, d); sie verläuft überwiegend innerhalb der Regio parietalis. Diese Leiste entspricht der Crista orbito-parieto-occipitalis von MEYER (1924) (vgl. HOLTERMÜLLER und WIEDEMANN) und der inneren Ringleiste von LIEBALDT (1964). Von dieser inneren knöchernen Ringleiste gehen im lateralen und dorsolateralen sowie occipitalen Abschnitt mehrere stark hervorragende pfeilerartige Verdickungen auf der Innenseite der lateralen Kalotte nach oben (Abb. 7, 8, 8b, 16, 17). Zwischen diesen Verstärkungen erstrecken sich mehrere, zum Teil sehr dünne Knochenabschnitte (Abb. 6f, 7c). Auf der Außenfläche verlaufen die Knochenbälkchen dagegen angedeutet fächerförmig von einem Punkt auseinander, der sich in der Mitte des unteren Parietalbereiches am Oberrand der Crista orbito-parieto-occipitalis befindet (Abb. 5f, 6f, vgl. auch Abb. 7 und 14d). Auf der Innenseite der Ringleiste läßt sich ein fast horizontal verlaufendes Gefäß gut erkennen (vgl. Abb. 16 in der Nähe des Pfeilendes von g, und Abb. 17).

Hintere, obere Kalotte

Die rechte und die linke Crista orbito-parieto-occipitalis vereinigen sich im Hinterhaupt am Unterrand eines großen, flachen, steil gestellten Knochens, der den oberen Anteil der hinteren Kalotte bildet (Abb. 5e, 6e, 7d, 8a). Topographisch-anatomisch befindet sich an dieser Stelle im Normalfall die Pars interparietalis des Os occipitale. Auf der Innenseite dieses hinten oben gelegenen Kalottenabschnittes ziehen ebenso wie auf der lateralen oberen Kalotte knöcherne Verstärkungspfeiler fast parallel zueinander nach oben (Abb. 16a). Der obere Bereich zwischen der hinteren oberen (Abb. 5d, 6d) und der lateralen oberen Kalotte (Abb. 5e, 6e) ist noch offen. Lediglich die Crista orbito-parieto-occipitalis (vgl. Abb. 5, 6) verbindet diese beiden Abschnitte. Der Hinterrand der lateralen, oberen Kalotte ragt (Abb. 5d, 6b) bis zu einer senkrechten Linie weit hinter den Annulus tympanicus (Abb. 5l, 6l). Unterhalb der Vereinigungsstelle (Abb. 9g, 10g) der beiden knöchernen Ringleisten in der hinteren Kalotte dehnt sich in der Medianebene eine 2 cm × 2,5 cm große Lücke aus (Abb. 5g, 6g, 7g, vgl. auch Abb. 7e, 7e_1, 8e, f, 14a, g, 16c, 17c). Diese Region ist in der Mitte überwiegend mit einem schwammigen, ausgesprochen blutreichen und weichen Gewebe ausgefüllt. Knöcherne Anteile fehlen. Das Gebiet entspricht der Ausstülpung, die bei der äußeren Besichtigung des Hinterhauptes an eine Meningo-Encephalocele erinnert hatte. Dieser Abschnitt ist nach lateral und oben durch einen festen gezähnelten Randwall begrenzt; nach unten dagegen ist diese Lücke hufeisenförmig offen (Abb. 7f, 8f, 9k, 10k). Es besteht ein breiter, klaffender Spalt zwischen dem lateralen Randwall der Hinterhauptslücke und dem weiter unten liegenden wellenförmigen Rand der rudimentären Pars interparietalis des Os

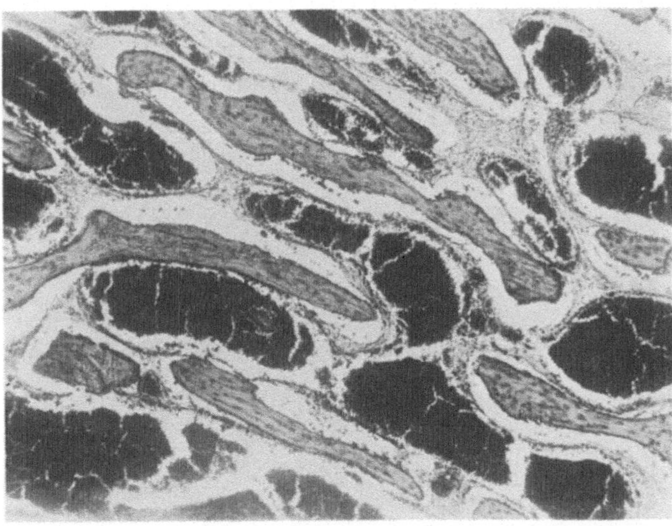

Abb. 11a. Stark erweiterte, dünnwandige, blutreiche Gefäße in dem Randwall der Hinterhauptsverbildung; desmale Verknöcherung

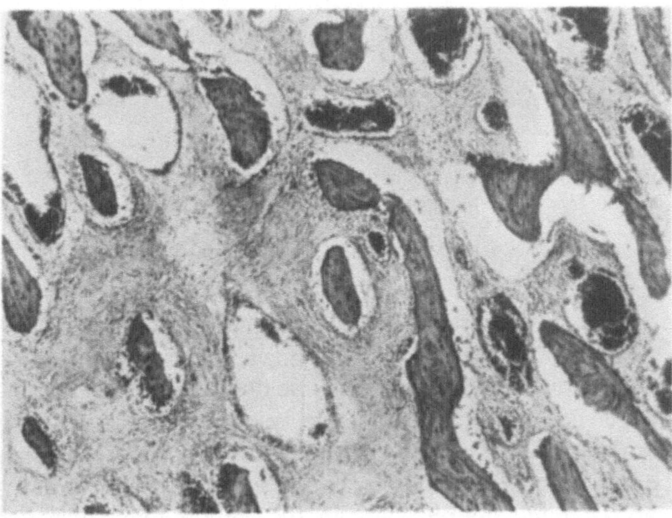

Abb. 11b. Weiter entfernt von der Hinterhauptsverbildung liegender Abschnitt. Gefäße nicht mehr so zahlreich, nicht mehr so prall mit Blut gefüllt; desmale Verknöcherung

occipitale (Abb. 7g, 8g, 9e, 10e). Ein Stück aus dem rechten und dem linken Randwall einschließlich des dazwischen liegenden weichen blutreichen Gewebes wurde durch einen horizontalen Schnitt entnommen. Die Entnahmestelle ist in der Röntgenaufnahme des rechten Halbschädels und auf den Bildern des skelettierten Schädels gut zu erkennen (Abb. 5g, 6g, 14e). Bei der histologischen

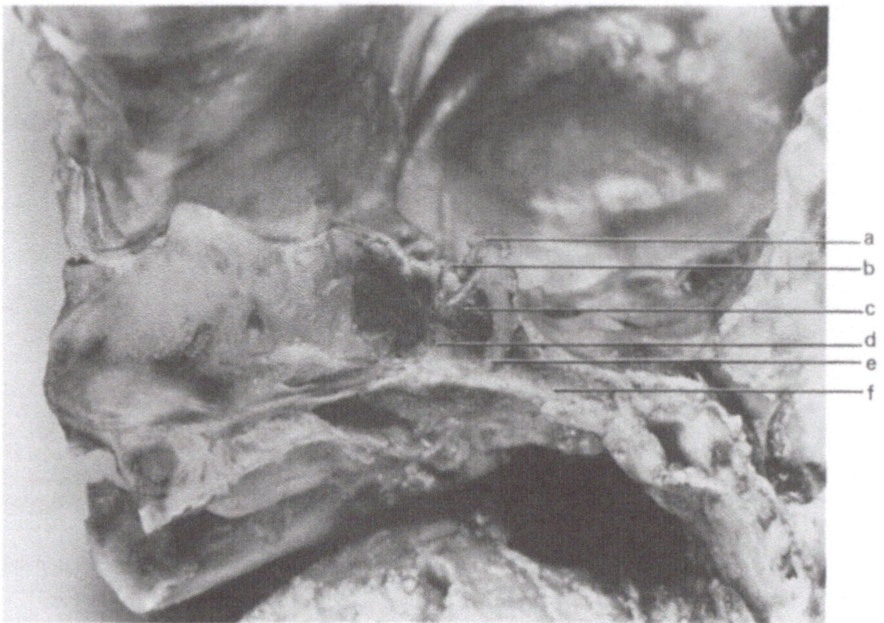

Abb. 12a. Sagittalschnitt durch den Schädel. – Rechter Halbschädel. Im rechten Bildabschnitt hintere Schädelgrube, Foramen occipitale magnum und oberer Halswirbelkanal

(a) Dorsum sellae
(b) Fossa hypophyseos
(c) hinteres Sphenoid
(d) Synchondrosis intersphenoidalis (zwischen hinterem und vorderem Keilbein)
(e) Synchondrosis spheno-occipitalis (zwischen hinterem Keilbein und Pars basioccipitalis)
(f) Pars basioccipitalis

Untersuchung werden im Randwall breite Gefäßlumina nachgewiesen, dazwischen schmale Knochenbälkchen mit Osteoblastensäumen. Es besteht im Randwall ein desmaler Verknöcherungsmodus (Abb. 11). Die überbrückenden Weichteile der Hinterhauptslücke enthalten röntgenologisch keine knöchernen Anteile (vgl. Abb. 7 zwischen e und e_1 sowie zwischen e, e_1 und g, und Abb. 8 zwischen e und e_1 sowie zwischen e, e_1 und g). Histologisch dehnen sich hier nur weite blutreiche Gefäße aus. Latero-caudal anschließend an die Vereinigungsstelle der rechten und der linken Crista orbito-parieto-occipitalis bzw. inneren knöchernen Ringleiste im Hinterhaupt befindet sich ein dicker Knochen (Abb. 5h, 6h), der nach hinten in den lateralen Randwall der Hinterhauptslücke übergeht (Abb. 7e, 7e_1, 8e, 8e_1, 9i, 10i, 14g, 16e, f).

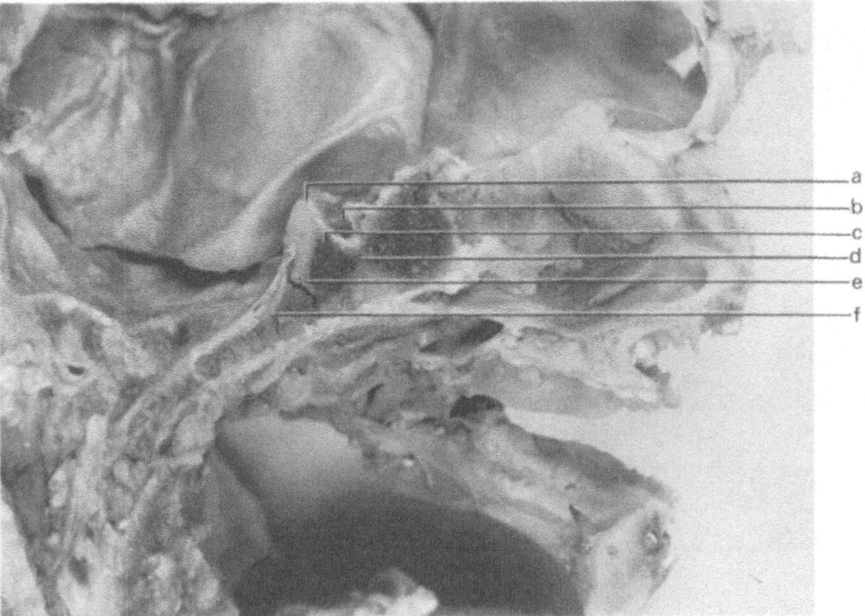

Abb. 12b. Sagittalschnitt durch den Schädel. – Linker Halbschädel. Im linken Bildabschnitt hintere Schädelgrube, Foramen occipitale magnum und oberer Halswirbelkanal

(a) Dorsum sellae
(b) Fossa hypophyseos
(c) hinteres Sphenoid
(d) Synchondrosis intersphenoidalis (zwischen hinterem und vorderem Keilbein)
(e) Synchondrosis spheno-occipitalis (zwischen hinterem Keilbein und Pars basioccipitalis)
(f) Pars basioccipitalis

Mittlere Schädelgrube

Der laterale Abschnitt des großen Keilbeinflügels wölbt sich ebenso wie die nach caudal abgesunkene, fast horizontal liegende Squama temporalis weit nach außen (Abb. 3f, g, 4f, g, 5j, k, 6j, k). Nach oben schließt sich dünnes, weiches, leicht verformbares, pergamentartiges Gewebe an, das einen Teil der mittleren Schädelgrube nach lateral begrenzt. Nur der obere und hintere Anteil der seitlichen Wand der mittleren Schädelgrube weisen unterhalb der Crista orbito-parieto-occipitalis noch einige lamellenähnliche Verdichtungen auf, die röntgenologisch noch einzelne zarte Knochenbälkchen enthalten (Abb. 5h, 6h, i, 7b, 14f, jeweils unter der Pfeilspitze).

Der Ausgangspunkt des Processus zygomaticus (Abb. 3h, 4h, 5l, 6l) des Os temporale ist – entsprechend der verstärkt nach latero-caudal abfallenden Pars pyramidalis und der weit nach latero-caudal gewölbten Squama temporalis – nach caudal verschoben. Mit diesem Absinken der lateralen Anteile der Squama temporalis (Abb. 3e, 4g, 5k, 6k) erfolgte eine Fehlstellung der Ohr-

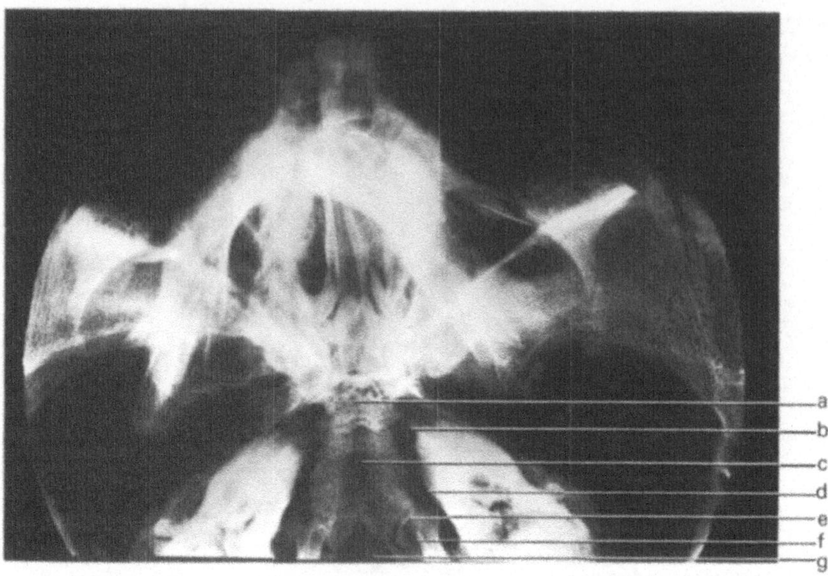

Abb. 13. Röntgenaufnahme der Schädelbasis nach Entfernung von Groß- und Kleinhirn

(a) hinteres Keilbein; (b) Spitze der Pars pyramidalis
(c) zum Foramen occipitale magnum abfallende Pars basialis des Os occipitale
(d) knorpelige Grenze zwischen Pyramide und Basi- bzw. Exoccipitale – Foramen jugulare verengt
(e) Synchondrosis intraoccipitalis anterior zwischen Pars basialis und Pars exoccipitalis
(f) vorderer Abschnitt der Pars exoccipitalis; (g) vorderer Abschnitt des Foramen occipitale magnum

muschel mit Horizontalstellung des Annulus tympanicus in Kinnhöhe (vgl. Abb. 1d, 2d, 3g, 4g, 5l, 6l). Der Annulus tympanicus ist mit 0,8 cm × 0,9 cm gegenüber dem Normalfall von 1 × 0,9 cm verkleinert. Die Entfernung von der Nasenwurzel bis zur Synchondrosis spheno-occipitalis beträgt 3,2 cm gegenüber 5 cm im Normalfall (Virchow, 1857); der Abstand von der Nasenwurzel zum Vorderrand des Foramen occipitale magnum erreicht 4,7 cm gegenüber 6,2–6,4 cm im Normalfall (Virchow, 1857). Der Abstand zwischen dem Hinterrand des kleinen Keilbeinflügels und dem Hinterhaupt ist mit 5 cm gegenüber dem Normalfall verkleinert. Diese Verkürzung geht insbesondere auf Kosten des Abstandes zwischen dem Hinterrand der Sella turcica und dem Hinterhaupt von 4,5 cm im Vergleich zu 4,2 cm im Normalfall.

Röntgenologisch läßt sich die Fuge zwischen Basis- und Praesphenoid (hinterem und vorderem Keilbein) (Abb. 13a, hinteres Keilbein, kein vorderes Keilbein abgrenzbar) im senkrecht durchfallenden Strahlengang nicht mehr nachweisen. Im medialen Sägeschnitt findet man an dieser Stelle – also an der Synchondrosis intersphenoidalis – noch eine Knorpelinsel (Abb. 12d). Im seitlichen Strahlengang läßt sich die verschmälerte Synchondrosis intersphenoidalis am halbierten Schädel nicht darstellen (vgl. Abb. 14 unter i). Die „Wachstumszone“ des Knochens läßt sich in dem Basis- und Praesphenoid nur angedeutet erkennen.

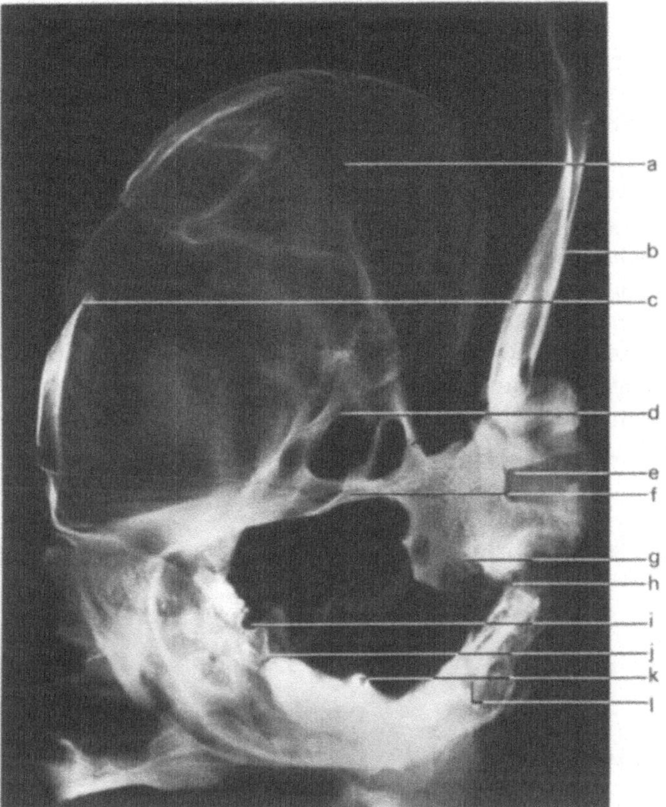

Abb. 14. Röntgenaufnahme des halbierten Schädels

(a) Oberer Abschnitt der nach lateral gekrümmten, steilen knöchernen Wand der lateralen, oberen Kalotte
(b) hintere obere Schädelkalotte
(c) oberer Abschnitt des Os bifrontale
(d) oberer Rand eines dünnen, fast knochenfreien Bezirkes in der lateralen Wand der knöchernen Kalotte. Auf der Außenseite der nach lateral gekrümmten, steilen knöchernen Wand der lateralen oberen Kalotte fast strahlenförmiger Verlauf der Knochenbälkchen von diesem Bezirk aus
(e) Entnahmestelle für die histologische Untersuchung durch einen Schnitt durch die Hinterhauptsverbildung einschließlich des knöchernen Randwalles
(f) Crista orbito-parieto-occipitalis bzw. innere Knochenringleiste; am Ende des Pfeiles f der untere Rand des fast knochenfreien Bezirkes in der lateralen Wand der knöchernen Kalotte
(g) fester Knochen mit Übergang in den lateralen Randwall der Hinterhauptslücke und in die Crista orbito-parieto-occipitalis
(h) unterer Abschnitt der Hinterhauptslücke, bzw. kleine Fontanelle; hier kein knöcherner Randwall
(i) Fossa hypophyseos
(j) Synchondrosis spheno-occipitalis
(k) oberer Bogengang des Innenohres
(l) Gefäßkanal auf der Außenseite des Knochens zwischen Hinterhauptslücke bzw. kleiner Fontanelle und dem Hinterrand des Foramen occipitale magnum

Hintere Schädelgrube

Die Röntgenaufnahme der Schädelbasis ergibt eine Verengung der Synchondrosis spheno-occipitalis (Abb. 13 zwischen a und c). Nach mehreren parallel zur Medianebene geführten Schnitten durch die Schädelbasis kann nur noch eine schmale knorpelige Zone zwischen dem hinteren Keilbein und der Pars basioccipitalis nachgewiesen werden (Abb. 12e, vgl. auch 14j). Diese Fuge ist somit ebenfalls schmaler als bei gesunden Kindern gleicher Körpergröße.

Die Verkürzung zwischen dem Hinterrand der Sella turcica und dem Hinterhaupt geht vorwiegend auf die Verkleinerung der Pars basioccipitalis und des Foramen occipitale magnum zurück. Der Abstand zwischen dem Processus clinoideus posterior (dorsum sellae) und dem Vorderrand des Foramen occipitale magnum beträgt 1,2 cm gegenüber im Normalfall 2,7 cm (VIRCHOW, 1857).

In der Pars basioccipitalis des Os occipitale läßt sich röntgenologisch allenfalls eine geringe Wachstumszone erkennen.

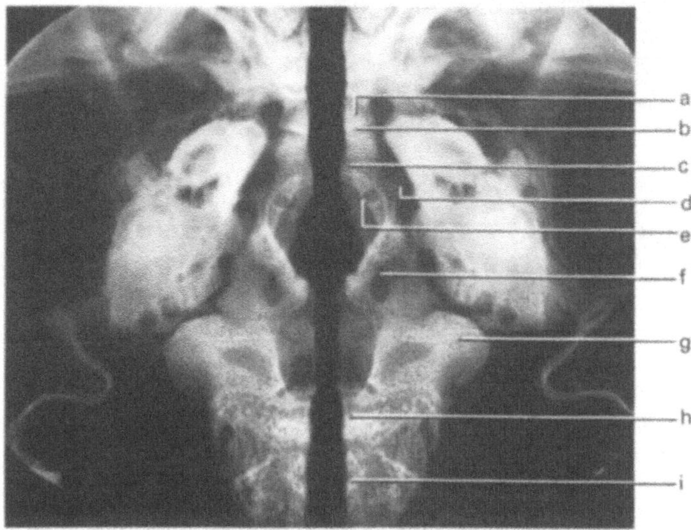

Abb. 15. Spiegelbildliche Fotomontage des Röntgenbildes des skeletierten Halbschädels. Die schwarze Mittelzone entspricht dem Längssägeschnitt und dem durch die Materialentnahme bedingten Substanzverlust

(a) Hinterer Abschnitt des Keilbeins
(b) verschmälerte Synchondrosis sphenooccipitalis
(c) Pars basioccipitalis des Os occipitale
(d) verengtes Foramen jugulare
(e) Incisura N XII im vorderen Abschnitt der Pars exoccipitalis des Os occipitale
(f) hinterer Abschnitt der Pars exoccipitalis des Os occipitale
(g) Pars supraoccipitalis des Os occipitale; im lateralen Abschnitt der unteren Pars supraoccipitalis Nachbarschaft zur dorso-lateralen Gegend des Felsenbeins
(h) Grenzbereich zwischen Pars interparietalis und Pars supraoccipitalis
(i) Pars interparietalis

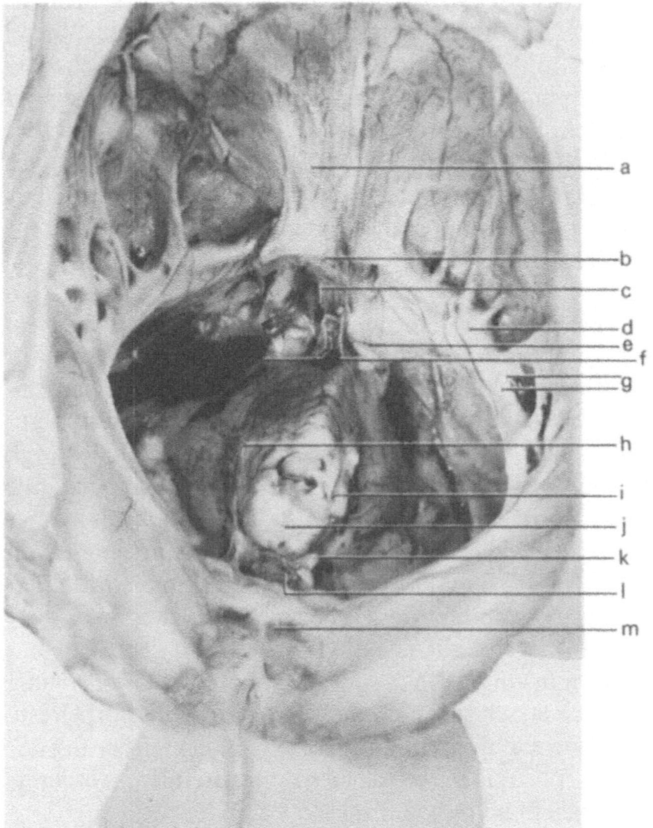

Abb. 16. Eröffneter Schädel, Großhirn entfernt, Tentorium cerebelli und Kleinhirn erhalten

(a) Steil nach oben aufsteigende Verstärkungen auf der Innenfläche des oberen Hinterhauptes
(b) Vereinigungsstelle der rechten und der linken Crista orbito-parieto-occipitalis (= linke innere Knochenringleiste) im Hinterhaupt
(c) nur aus weichem, schwammigem Material bestehende Lücke im Hinterhaupt (Hinterhauptsverbildung)
(d) linke Crista orbito-parieto-occipitalis (= linke innere Knochenringleiste)
(e) lateraler, linker knöcherner Rand der Hinterhauptslücke
(f) lateraler unterer Rand der Hinterhauptslücke
(g) linke Crista orbito-parieto-occipitalis (= linke innere Knochenringleiste wie (d))
(h) medialer, rechter Rand des Tentorium cerebelli
(i) medialer, linker Rand des Tentorium cerebelli
(j) Schnittfläche der Pons cerebri
(k) Processus clinoideus posterior
(l) Fossa hypophyseos
(m) Crista galli

Die Pars petrosa des Os temporale (vgl. Abb. 13b) ist mit der Pars basioccipitalis (Abb. 13c, 15c) und der Pars exoccipitalis (Abb. 15f) des Os occipitale beidseits durch einen verschmälerten Knorpelstreifen verbunden. Das Foramen jugulare ist beidseits stark verengt (Abb. 15d), so daß hierdurch eine erhebliche Abflußstörung entstehen mußte. Die Pyramiden bilden jeweils nur einen Winkel von 35° zur Medianebene (Abb. 13, 15) gegenüber 45° im Normalfall. Gleichzeitig sind die Pyramiden stärker nach unten geneigt. Der Knorpelstreifen zwischen der verkürzten und verschmälerten Pars exoccipitalis des Os occipitale und der Pars basioccipitalis (Abb. 13, 15) ist nur noch angedeutet. Die Synchondrosis intraoccipitalis anterior ist also ebenso wie die Synchondrosis intersphenoidalis und die Synchondrosis spheno-occipitalis vorzeitig verengt. Die Gefäßarchitektur unterscheidet sich in der Pars exoccipitalis deutlich von Normalfällen (vgl. Abb. 15).

Im hinteren medialen Abschnitt der Exoccipitalia befindet sich jeweils ein kleines Gefäß (Abb. 15f), ein weiteres kleines Gefäß im vorderen Abschnitt (Abb. 15e). Die verkürzte und verschmälerte Pars exoccipitalis zeigt im Röntgenbild eine „filigranähnliche" Feinstruktur (Abb. 15d) und läßt sich dadurch gut von der „gröberen, ungeordneten" Struktur der Pars supraoccipitalis (vgl. Abb. 15g) unterscheiden. Der größte Durchmesser des Foramen occipitale magnum beträgt 1,4 cm von Knorpel zu Knorpel und ist damit erheblich kleiner als bei gesunden Kindern gleicher Altersstufe (Normalwert im Röntgenbild von Knochen zu Knochen 2 cm) (Abb. 15f, g). Der mediale hintere Rand sowohl der rechten als auch der linken Pars exoccipitalis des Os occipitale ist jeweils stark zur Medianebene verschoben. Die Exoccipitalia (Abb. 15f) sind nach den Röntgenbildern stellenweise nur noch 1 mm von der Pars supraoccipitalis des Os occipitale entfernt (Abb. 15g); histologisch lassen sich hier nur sehr vereinzelt Knorpelreste bei schmaler Säulenbildungszone nachweisen. Die vorzeitige Verknöcherung der Synchondrosis intraoccipitalis posterior ist besonders im lateralen Abschnitt ausgeprägt (vgl. Abb. 15 zwischen f und g).

Das Tentorium cerebelli setzt nur wenig unterhalb der Hinterhauptslücke an (Abb. 16c). Zwischen dem Unterrand der Hinterhauptslücke (Abb. 8f, 14h) und dem Hinterrand des Foramen occipitale magnum (vgl. auch Abb. 8h) ist röntgenologisch ein weites Foramen gut abgrenzbar (Abb. 8g, Pfeilende; Abb. 14l), auf das mehrere Gefäße zulaufen.

Der Knochenabschnitt zwischen diesem horizontal verlaufenden Gefäß und dem Hinterrand des Foramen occipitale magnum weist mehrere nur sehr dünne Gebiete auf (vgl. Abb. 15). Die „gröbere" Feinstruktur der Pars supraoccipitalis (Abb. 15g) unterscheidet sich gut von der Pars interparietalis (Abb. 15i) des Os occipitale.

Der zumindest stellenweise verdickte Knochenabschnitt zwischen Hinterhauptslücke und Hinterrand des Foramen occipitale magnum – also Pars supra- und Pars interparietalis – wurde in mehreren Stufen parallel zur Medianebene histologisch untersucht. Ungefähr in der oberen Hälfte befindet sich ein schmaler bindegewebiger Streifen mit einem Gefäß. Dieser entspricht histologisch dem oberen, röntgenologisch knochenfreien Bezirk (Abb. 8g). Der Knochen unmittelbar unterhalb der Hinterhauptslücke unterscheidet sich von der desmal entstandenen Pars interparietalis des normalen Neugeborenen durch die extreme Blutfülle der erweiterten dünnwandigen Gefäße. Der laterale und untere Rand der Hinterhauptslücke lassen sich weder röntgenologisch noch histologisch von-

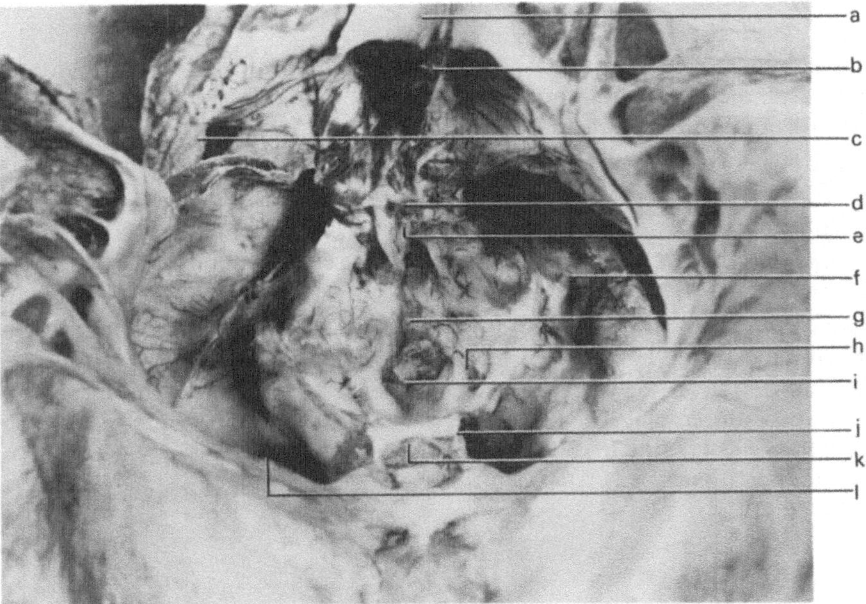

Abb.17. Eröffneter Schädel, Gehirn und Tentorium cerebelli entfernt

(a) Vereinigungsstelle der rechten und der linken Crista orbito-parieto-occipitalis, innere Knochenringleiste, im Hinterhaupt
(b) nur aus weichem, schwammigem blutreichem Material bestehende Lücke im Hinterhaupt – kleine Fontanelle
(c) Übergang von der rechten, lateralen Wand dieser Lücke in die rechte Crista orbito-parieto-occipitalis (innere Knochenringleiste); (der schräg verlaufende Einschnitt wurde bei Herausnahme des Gehirns erzeugt)
(d) Falx cerebri
(e) ungefähr am Ende des Pfeils e mutmaßlicher Ansatz des Tentorium cerebelli mit Confluens sinuum
(f) laterale, obere Kante der Pars pyramidalis der Pars petrosa
(g) hinterer Rand des Foramen occipitale magnum
(h) linker Rand der Pars exoccipitalis mit Os occipitale
(i) Verbindung zwischen der Hinterwand des Dorsum sellae und dem Vorderrand des Foramen occipitale magnum (Clivus), Pars basioccipitalis
(j) Prozessus clinoideus posterior
(k) Fossa hypophyseos
(l) rechter kleiner Keilbeinflügel

einander unterscheiden. Sowohl die enchondral entstandene Pars supraoccipitalis (Abb. 15g) als auch die desmal entstandene Pars interparietalis (vgl. Abb. 15i) des Os occipitale sind verkürzt. Auf die Schwierigkeiten, eine genaue anatomische Korrelation zwischen dem Röntgenbild und den histologischen Befunden herzustellen, sei hier ausdrücklich hingewiesen.

Schädelfernes Skelet

Clavicula aufgebogen und stark gekrümmt (Abb. 18). Zwölf stark verkürzte Rippenpaare, die oberen und mittleren Rippen horizontal stehend. Rippenpaar I stummelförmig. Zwischen der III. und IV. Rippe links eine kleine verbindende Brücke dorsal (Abb. 18). VII.–X. Rippe am vertebralen Ende dabei jeweils trichterförmig ausgefranst und zernagt. Der vertebrale Teil dabei trompeten- bis kelchförmig ausgeweitet mit spitzer Corticalis (Abb. 18).

Das Verhältnis von Wirbelkörperhöhe zu Zwischenwirbelabstand beträgt im Lendenwirbelbereich 1:2,5 (Abb. 18, 19) gegenüber 1:1 bis 2:1 im Normalfall. Im Bereich der Halswirbelsäule erreicht das Verhältnis von Wirbelkörperhöhe zu Zwischenwirbelabstand Werte von 1:1.

Die Vorderfläche des Wirbels weicht von der normalen „Brötchenform" sichtbar ab. Sie besitzt hier eine Keilform und läuft in verlängerte Lippen aus, die sich in Höhe des Gefäßkanals befinden. Im Chorda-dorsalis-Bereich (Abb. 19) werden kreisförmige symmetrische Eindellungen beobachtet. Es besteht keine Platyspondylie.

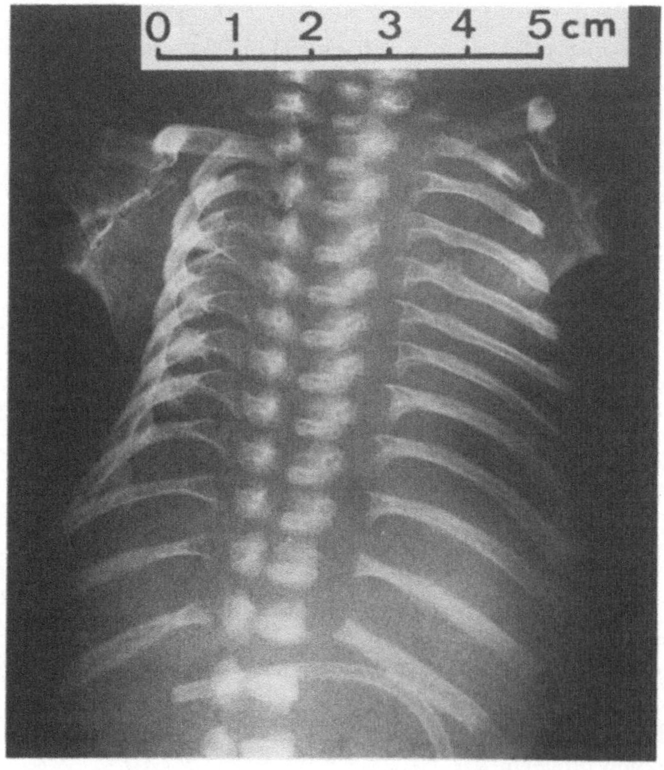

Abb. 18. Röntgenaufnahme. Knöcherne Auftreibung an der 4. Rippe links in Richtung auf die 3. Rippe. Trichterförmige Ausweitung der Rippen am vertebralen Ende

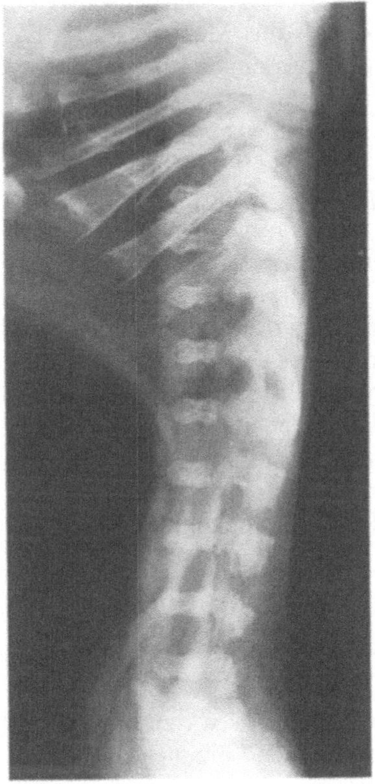

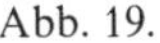

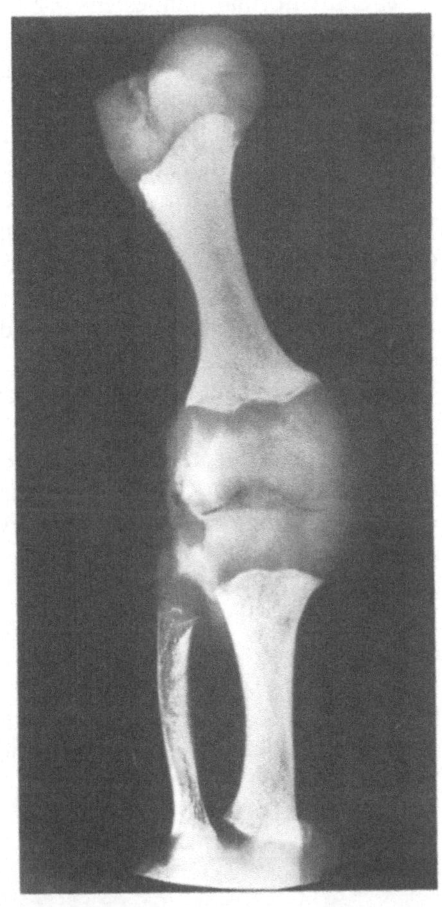

Abb. 19.

Abb. 20 ▷

Abb. 19. Seitenansicht der Lendenwirbelsäule und unteren Brustwirbelsäule. Verhältnis von Wirbelkörperhöhe zu Zwischenwirbelabstand wie 1:2,5

Abb. 20. Untere Extremität. Verkürzung der langen Röhrenknochen bei gleichzeitiger Verbreiterung. Breite Epiphysen. Scharfe Knochenknorpelgrenze

Verkürzung und Verbreiterung der röntgenologisch „grobstrukturierten" Darmbeinschaufel (Abb. 21). Fast horizontale untere Begrenzung des Os ilium. Starke Verkürzung in den Schambeinästen, geringere Verzögerung der Ossification im Os ischium (vgl. Abb. 21).

Im Vergleich zu den von SCHMID und KÜNLE (1958) an gesunden Kindern angegebenen Normalwerten handelte es sich in unserem Fall bei einer Gesamtkörperlänge von 40 cm um eine Mikromelie. An den Extremitäten ergaben sich folgende Maße: Oberarm 5 cm, Unterarm 4 cm; Femur 4,8 cm insgesamt, 3 cm zwischen der proximalen und distalen Knochenknorpelgrenze des Femurs; Gesamtlänge der Fibula so groß wie die der Tibia; Tibia insgesamt 4 cm lang mit 2,8 cm zwischen der proximalen und der distalen Knochenknorpelgrenze.

(Femur normal mindestens 7,2 cm; Tibia mindestens 5,2 cm bei 45–49 cm langen Kindern). Metatarsale I kürzer und dicker als das Metatarsale II. Die Röntgenaufnahmen und die histologischen Präparate der langen Röhrenknochen zeigen eine deutliche Knochenknorpelgrenze (Abb. 20) mit Verdichtung des knorpelnahen Knochenabschnittes mit einer gefäßreichen, grobsträhnigen Struktur des mittleren Knochenabschnittes (Abb. 20)].

Die Grenze zwischen dem indifferenten Knorpel und der stark verschmälerten Säulenbildungszone war an den meisten Stellen scharf ausgeprägt; in einzelnen Gebieten ließ die PAS-Färbung eine Verminderung der sauren Mucopolysaccharide zwischen Säulenbildung und indifferentem Knorpel erkennen (Abb. 24). Die schmale Säulenbildungszone wird stellenweise fingerförmig durch einsprossende Verknöcherung und Bindegewebe unterbrochen (Abb. 22, 23). Von dem Übergang zwischen Periost und Perichondrium schiebt sich an der lateralen proximalen Femurseite Bindegewebe zwischen die Säulenbildungszone und den indifferenten Knorpel (Abb. 22). Bei den kurzen Röhrenknochen, z.B. den Metatarsalia ist die Knochenknorpelgrenze nicht so scharf ausgeprägt. Stellenweise Zerfaserung mit Ausbildung einer Becherform der proximalen Knochenabschnitte.

Gehirn

Besonders die basalen Anteile des 315 g schweren Gehirnes waren autolytisch verändert. Gyrierung normal ausgebildet. Auffallende Verkürzung der fronto-

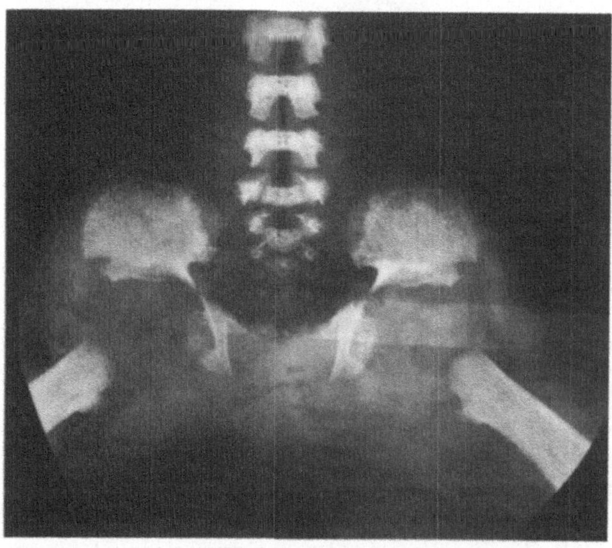

Abb. 21. Becken, Lendenwirbelsäule, proximaler Oberschenkel. Verkürzung des Darmbeines. Verkürzung der Wirbelkörper, Verbreiterung des Zwischenwirbelraumes

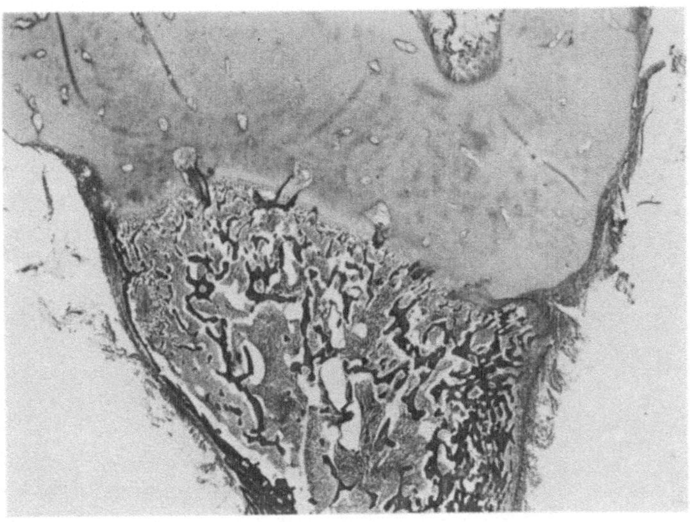

Abb. 22. Proximale Knochenknorpelgrenze des linken Femurs. An der Medialseite unauffälliger Übergang vom Periost zum Perichondrium; an der lateralen Seite zungenförmiges Vorwachsen vom Periost aus ein kurzes Stück in die Knochen-Knorpel-Grenze; sonst weitgehend scharfe Knochen-Knorpel-Grenze; Höhe der Säulenbildungszone verringert; gegenseitige Beziehung zwischen den einzelnen Knorpelzellsäulen jedoch unauffällig; Einsprossungen (Gefäße? mit umgebendem Bindegewebe?) vom Knochen aus in den Knorpel mit Unterbrechung der Säulenzone (Haemotoxylin-Eosin)

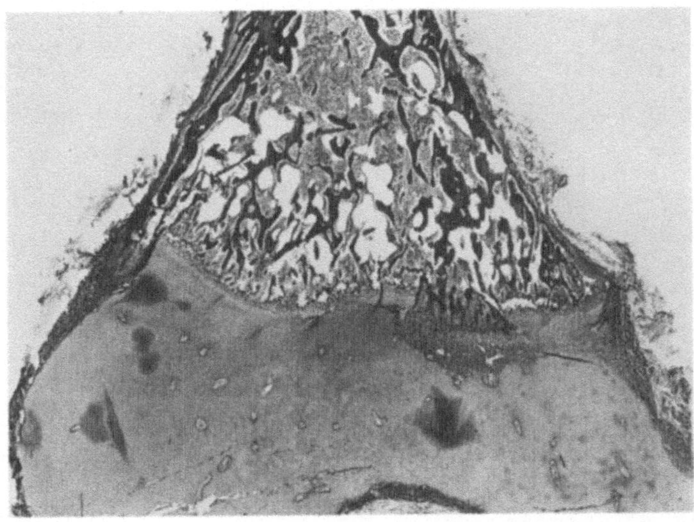

Abb. 23. Distale Knochenknorpelgrenze des linken Femurs; unauffälliger Übergang vom Periost zum Perichondrium; weitestgehend scharfe Knochen-Knorpel-Grenze; Höhe der Säulenbildungszone vermindert; gegenseitige Beziehung zwischen den einzelnen Knorpelzellsäulen jedoch unauffällig; im rechten Bildabschnitt eine große Einsprossung (Gefäß? mit umgebendem Bindegewebe?) vom Knochen in den Knorpel (Haemotoxylin-Eosin)

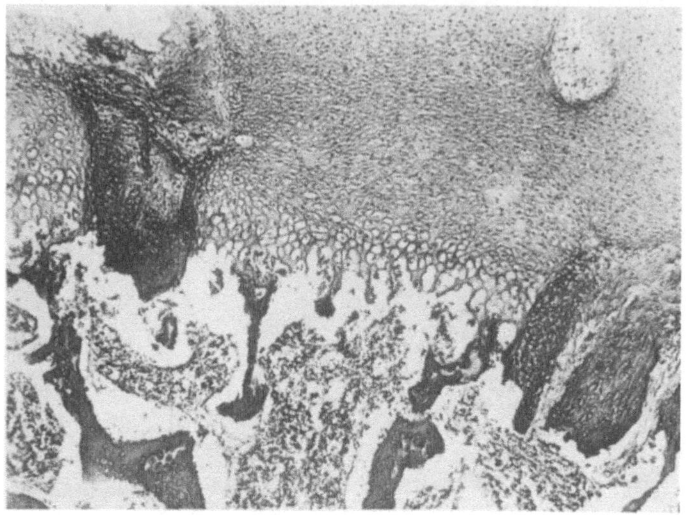

Abb. 24a. Proximale Knochenknorpelgrenze des linken Femurs; weitgehende scharfe Grenze zwischen Knochen- und Knorpel; gegenseitige Beziehung zwischen den einzelnen Knorpelsäulen jedoch unauffällig; an zwei Stellen Einsprossungen (Gefäße? mit umgebendem Bindegewebe?) vom Knochen aus in den Knorpel mit Unterbrechung der Säulenzone

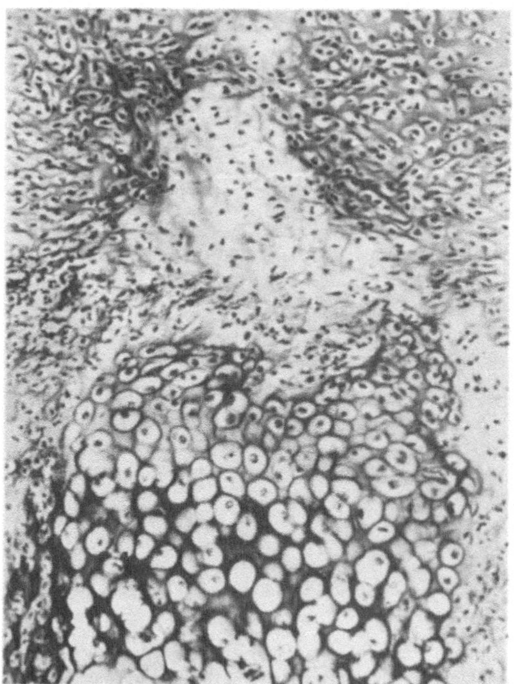

Abb. 24b. Proximale Knochenknorpelgrenze des linken Femurs; zwischen Säulenbildungszone und ruhendem Knorpel Verminderung der sauren Mucopolysaccharide (PAS)

occipitalen Achse bei starker Deformierung beider Großhirnhemisphären: Am Übergang vom Parietal- zum Temporalgebiet auf beiden Seiten eine tiefe, horizontal verlaufende Einschnürung, unterhalb davon die Temporallappen des Gehirns weit nach caudal ausladend.

Nach der Zerlegung in Frontalscheiben finden sich symmetrisch erweiterte Seitenventrikel, deren Unterhörner deformiert sind. Der 3. Ventrikel ist ebenfalls erweitert. Eine Beurteilung des 4. Ventrikels und des Aquädukts ist nicht möglich, da diese Gebiete infolge der Autolyse lädiert sind. Die Stammganglien, das Mittelhirn, die Brücke und die Medulla oblongata sind makroskopisch unauffällig. In allen Gebieten des Großhirns läßt sich bereits die normale Rindenschichtung histologisch leicht differenzieren. Zahlreiche Neuroblasten sind als superficiale Körnerschicht noch erhalten. An mehreren Stellen des Marklagers liegen Gruppen von Neuroblasten verstreut, die als Keimzentren vermehrt in der Nähe der Seitenvertrikel zu finden sind. Die Gliazellen kommen vor allem in der weißen Substanz vor und sind oft gegenüber der Norm vergrößert („Myelinisationsglia"). – Im Kleinhirn bestand die äußere Körnerschicht noch aus durchschnittlich 6–8 Zellagen bei regelrecht ausgebildeter Purkinjezellschicht. – Normale Struktur der Brücke, der Medulla oblongata sowie des Hypophysenvorder- und -hinterlappens. Diagnose: Hydrocephalus internus. Normal angelegtes, unreifes Gehirn. Hochgradige Deformation des Großhirns. Autolyse.

III. Epikrise

Besprechung des Berliner Falles

Es handelt sich um ein männliches, wenige Minuten nach der Geburt verstorbenes Neugeborenes mit einem Kleeblattschädel-Syndrom. Am Schädel imponiert die Crista orbito-parieto-occipitalis als eine innere Knochenringleiste, die die laterale und hintere Wand des Schädels hufeisenförmig umklammert. Vorwiegend die hintere und in geringerem Maße auch die mittlere Schädelgrube sind verkürzt. Die Fugen, insbesondere in der hinteren Schädelgrube, sind verengt oder gar vorzeitig synostosiert, die Pars exoccipitalis des Os occipitale beiderseits verkürzt und verschmälert. Die Pyramiden fallen verstärkt nach caudal ab und bilden miteinander einen Winkel von 70° gegenüber 90° im Normalfall. Das Foramen occipitale magnum ist verschmälert und verkürzt. Im knöchernen Hinterhaupt liegt eine nach unten offene U-förmige Lücke mit einem äußerlich erhabenen Randwall. Diese knochenfreie Lücke wird von einem schwammigen, gefäßreichen Gewebe ausgefüllt. Topographisch-anatomisch läßt sich diese Lücke mit der kleinen Fontanelle eines „Normalschädels" vergleichen. Der Knochen im unmittelbar unterhalb der Hinterhauptslücke gelegenen Abschnitt weist ebenso wie der laterale Rand stark erweiterte Gefäße bei desmaler Verknöcherung auf. Die obere hintere Kalotte wird insbesondere durch die Crista orbito-parieto-occipitalis mit der lateralen oberen Kalotte verbunden. Ein dünner isolierter Knochen liegt in der Stirnmitte. – Das Innen- und Außenrelief der Kalotte wird durch die dort herrschenden Spannungsverhältnisse geformt. Das Gefäßmuster der einzelnen Kalottenanteile unterscheidet sich von dem gesunder „Normalfälle", insbesondere hinsichtlich des Verteilungsmusters. Eine strahlen- oder sternähnliche Verzweigung, wie sie bei „Normalfällen" in den Gebieten maximaler Krümmung in der Kalotte besteht, läßt sich hier kaum nachweisen. Die schädelfernen Abweichungen des Skelets vom Normalfall lassen sich durch eine gleichmäßig generalisierte Verminderung der enchondralen Ossifikation erklären. Die regelmäßig angeordneten Knorpelzellen der langen, geraden Röhrenknochen sind gleichmäßig verkürzt. Innerhalb des Diaphysenschaftes der langen Röhrenknochen läßt sich ein grobsträhniges Gefäßmuster röntgenologisch nachweisen. – Das Verhältnis von Wirbelkörperhöhe zu Zwischenwirbelabstand nimmt von caudal nach cranial ab.

Wichtigste Merkmale des Berliner Falles

Perinataler Tod

Kleeblattform +
Crista orbio-parieto-occipitalis +
schaufelartige, laterale, obere Kalotte
  bis in die Stirnmitte reichend –
  nur bis in die laterale Stirnregion reichend +
strahlenähnliche Verzweigung der Knochenbälkchen auf der Außenseite der lateralen oberen Kalotte +
dünnes, rudimentäres Os bifrontale in Stirnmitte +
dünne, nach außen gekrümmte Lamelle unterhalb der Crista orbito-parieto-occipitalis +
längsovale Hinterhauptsverbildung in der Medianebene +
knochenfreies Zentrum in dieser Hinterhauptsverbildung +
exzessiver Gefäßreichtum im Bereich der Hinterhauptsverbildung +
Verkürzung der hinteren Schädelgrube +
Verkürzung der mittleren Schädelgrube +
Verkürzung der vorderen Schädelgrube (+)
Verschmälerung und Verkürzung des Foramen occipitale magnum +
Verengung der Synchondrosis intersphenoidalis +
Verengung der Synchondrosis spheno-occipitalis +
Verengung der Synchondrosis intraoccipitalis anterior +
Verengung der Synchondrosis intraoccipitalis posterior +
Verkleinerung der Pars exoccipitalis des Os occipitale +
verstärkte Neigung der Pyramiden nach caudal +
Verkleinerung des Winkels zwischen Pyramiden und Medianebene +
Verkürzung der Pars supraoccipitalis +
Verkürzung der Pars interparietalis +
Zwergwuchs +

IV. Nachuntersuchte Fälle

1. Amsterdam

Den häufig zitierten, von VROLIK (1849) beschriebenen Fall (Abb. 25, 26; Zeichnungen aus der Originalarbeit von VROLIK, Tafel XXXV und XXXVI) sahen wir in *Amsterdam*. Es handelte sich um ein männliches Kind, bei dem VROLIK (1849) im lateinischen Text von „Infans recens natus masculinus" und in der holländischen Fassung von „mannelijk pasgeboren kind" sprach. Das Museum *Vrolikianum* verdankt diesen Fall dem Wundarzt und Geburtshelfer WEISZ (aus *Amsterdam*, lat. Fassung).

Die Gesamtlänge des Kindes betrug 46 cm. Auf den sehr genauen Abbildungen von VROLIK (1849) ist die frisch abgeschnittene, nicht abgebundene Nabelschnur zu sehen. Das Kind ist damit für uns totgeboren. Wir können uns nicht vorstellen, daß der anatomische Zeichner hier vom Originalpräparat abwich. Der linke Hoden befand sich im Scrotum, der rechte im Leistenkanal; die Bauchhöhle war angeschwollen, ohne daß Flüssigkeit darin war (VROLIK).

VROLIK (1849) betonte die relative Verkürzung des Rumpfes und der Gliedmaßen im Vergleich zur Schädelgröße.

In der Literatur hat sich ein Fehler bezüglich des Alters eingeschlichen. HOLTERMÜLLER und WIEDEMANN (1960) sprechen hier von einem 17 Wochen alt gewordenen Kind und von einer linksseitigen Vorwölbung im Abdomen. Schon GRUBER (II) gab 1926 das Alter mit 17 Wochen an und führte ein linksseitig stark gewölbtes Abdomen auf. Nach GRUBER (II) (1926) „fehlt bei VROLIK (1849) ein Hinweis auf eine der ‚Chondrodystrophie' entsprechende Knochenerkrankung".

Den ersten Hinweis auf VROLIK (1849), jedoch ebenfalls mit falscher Altersangabe, finden wir bei MEYER (1924) (II). Schon in dieser Arbeit wird dem von VROLIK (1849) beschriebenen Kind ein Alter von 17 Wochen unterstellt.

Im Gegensatz zu GRUBER (II) (1926) zitiert MEYER (II) (1924) allerdings die von VROLIK (1849) angegebene Verkürzung der Extremitäten. Einige der von HOLTERMÜLLER und WIEDEMANN (1960) dem Vrolikschen Fall zugeordneten Befunde konnten wir nicht aus dem Originaltext entnehmen.

Dort befindet sich allerdings ein Hinweis auf den Wasserkopf eines weiteren 16 Wochen alt gewordenen Kindes, der ihm von dem Arzt VAN DER BOON aus *Zaandam* zur Verfügung gestellt wurde. Bilder dazu brachte VROLIK jedoch nicht. An schädelfernen Anomalien erwähnte er bei dem Fall aus *Zaandam* eine unterbliebene Trennung der Finger und Zehen. Am Schädel betonte er hier eine querverlaufende Einschnürung, wie er sie bei dem Fall WEISZ durch Abbildungen belegte. Das jetzt noch in dem Museum *Vrolikianum* erhaltene Skelet stammt von

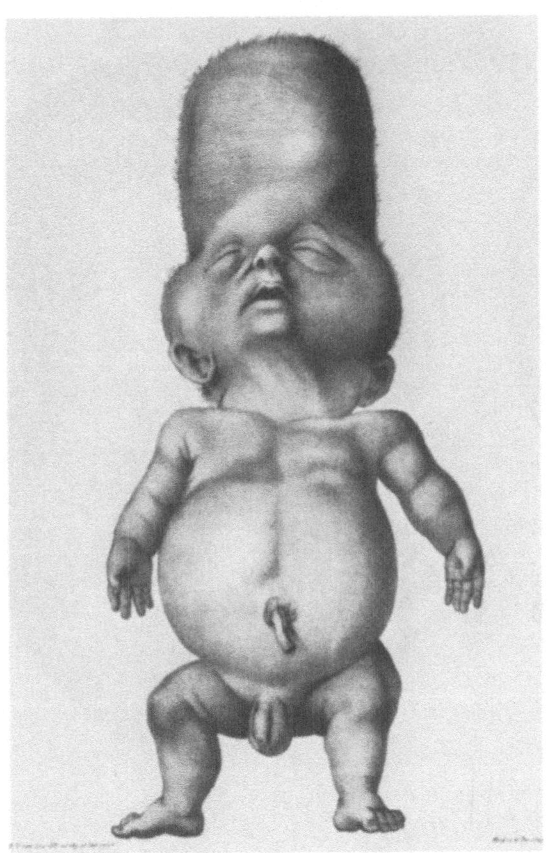

Abb. 25. *Amsterdamer* Fall, VROLIK, Tafel XXXV

dem Fall WEISZ. Es fehlen lediglich der linke Arm, die linke Clavicula und die rechte obere Kalotte.

Es besteht eine Einziehung der Nasenwurzel [Abb. 26 (Tafel XXXVI)]; die vordere Schädelgrube ist allenfalls geringfügig verkürzt. Eine Crista orbito-parieto-occipitalis zieht sich hufeisenförmig um die laterale, obere [Abb. 25; 26 (Tafel XXXV und XXXVI, 27c, 28f, g)] und hintere, obere Kalotte [Abb. 26 (Tafel XXXVI)]. In der Stirnmitte finden wir zwei dünne, gerade noch sichtbare Knocheninseln (Abb. 27d, 28c), die dem von VROLIK (1849) beschriebenen rudimentären, dünnen Frontale entsprechen [Abb. 26 (Tafel XXXVI, 3a)]. In der Region der großen Fontanelle erstreckt sich eine breite Lücke zwischen dem weit nach vorn vergrößerten steilen Anteil der lateralen Kalotte [Abb. 26 (Tafel XXXVI, 3b), Abb. 27b, 28b] und den in der Stirnmitte gelegenen, dünnen Knocheninseln [Abb. 26 (Tafel XXXVI, 3a), Abb. 27d, 28c]. Der Arcus zygomaticus fällt steil nach caudo-occipital ab [Abb. 26 (Tafel XXXVI i), Abb. 27h, 28]. Die laterale, obere knöcherne Wand der Schädelkalotte erstreckt sich bis weit nach vorn. Die Knochenbälkchen verzweigen sich auf der Außenfläche der lateralen oberen Kalotte von einem Punkt, der in der Mitte am Oberrand der Crista orbito-

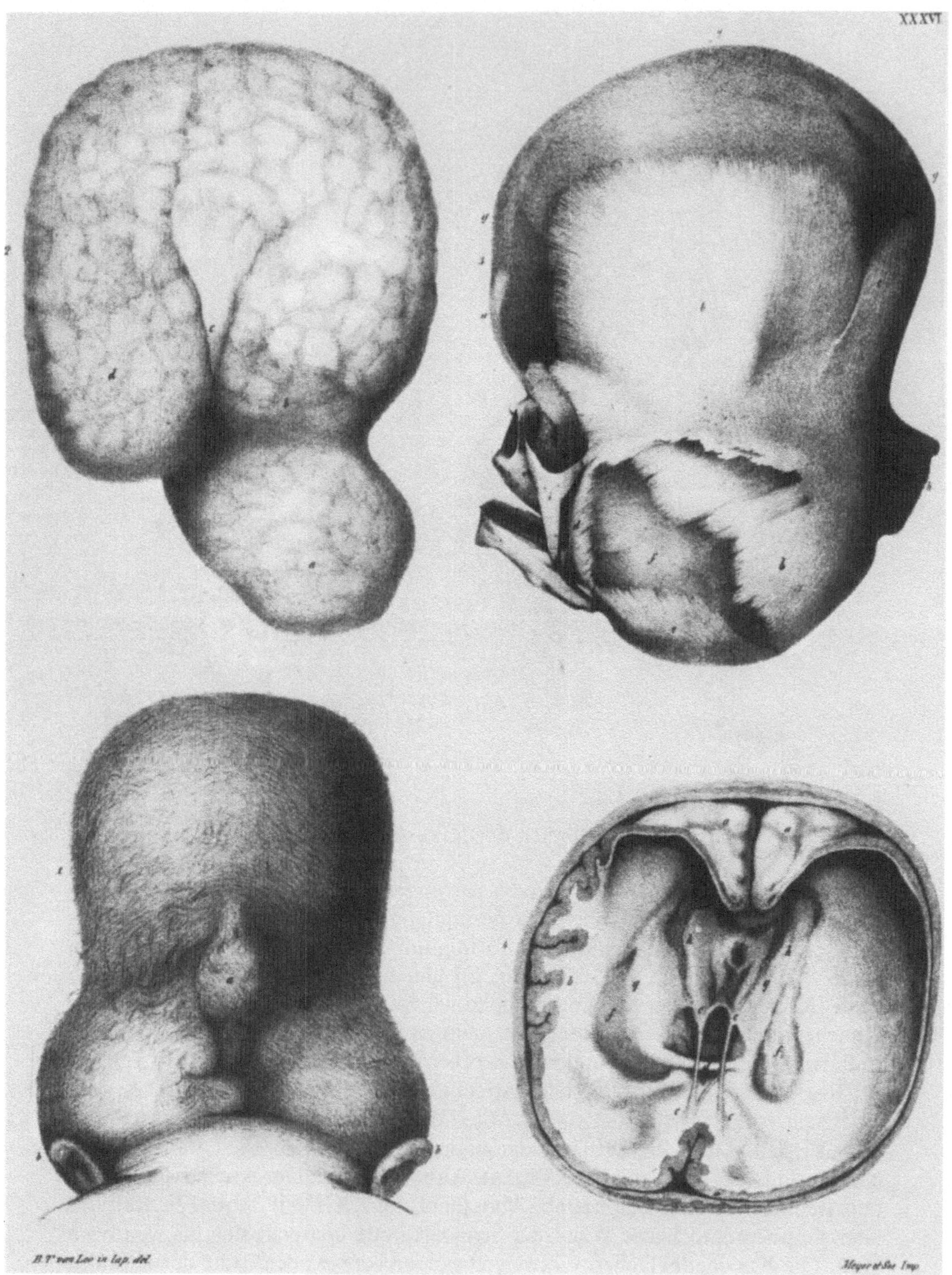
XXXVI
B. T. van Lee in lap. del.
Meyer et Sie Imp.

◁ Abb. 26. *Amsterdamer* Fall, VROLIK, Tafel XXXVI

Eigene Benennung

(a) Stirn (rudimentäre Anteile eines Os frontale)
(b) Scheitelbeine (laterale Kalotte mit Anteilen ober- und unterhalb der Crista orbito-parieto-occipitalis)
(c) Hinterhaupt (hintere obere Kalotte)
(d) großer Keilbeinflügel
(e) Schläfenbeinschuppe
(f) Zwischenraum zwischen Scheitelbein und Schläfenbein (knochenfreier Bezirk zwischen großem Keilbeinflügel, Crista orbito-parieto-occipitalis sowie der dünnen Knochenlamelle unterhalb der Crista orbito-parieto-occipitalis)
(g) Scheitel- und Vorderseite des Kopfes (knochenfreier Bezirk der oberen Kalotte, Auskleidung nur mit einem häutigen pergamentähnlichen Material)
(h) Abgeschnittene Anschwellung des Hinterhaupts *(Hinterhauptsverbildung)*

Benennung von VROLIK

(d) Großer Keilbeinflügel
(e) Schläfenbeinschuppe
(f) knorpelartiger Zwischenraum zwischen Schläfenbeinschuppe und Scheitelbein
(g) knorpeliger Bereich im Scheitelgebiet und an der Vorderseite des Kopfes
(h) „abgeschnittene“ Anschwellung des Hinterhauptes, teils knochig, teils noch knorpelig. – Abtrennung nach kaudal durch eine Naht von der kleinen eingedrungenen Schuppe des Hinterhauptsbeins
(i) Jochbein
(b) Scheitelbeine
(c) rückwärtige Verlängerung der Scheitelbeine in eine gerade aufsteigende Schuppe

---

parieto-occipitalis liegt (Abb. 28g). In dieser Gegend weist der Knochen ein poröses Muster auf.

Der obere Abschnitt der hinteren Kalotte wird von einem schaufelförmig gekrümmten Knochen [Abb. 26 (Tafel XXXVI, 1, 3c), vgl. Abb. 28d] gebildet, der mit der lateralen Kalotte durch die Crista orbito-parieto-occipitalis (Abb. 28f, g) verbunden ist. Der Hinterrand der lateralen oberen Kalotte ragt bis zu einer senkrechten Linie weit hinter den relativ kleinen Annulus tympanicus. Im unteren medianen Teil des oberen hinteren Kalottenabschnittes befindet sich eine 2,2 cm × 1 cm große längsovale Lückenbildung [Abb. 26 (Tafel XXXVI, 1a, 3h), Abb. 28j, 30c, 31c] mit einem nach außen erhabenen, stark gezähnelten Randwall. Der laterale und nach oben anschließende Kalottenabschnitt zeigt zahlreiche Poren. Im unteren medialen Bereich wird der laterale Rand dieser Lücke (Abb. 30c, 31c) durch eine schmale Brückenbildung miteinander verbunden (Abb. 29b, 30e). Von dem weiter unten gelegenen Kalottenabschnitt wird der knöcherne Randwall durch einen horizontalen, wellenförmigen Spalt getrennt (Abb. 29c, 30f, 31e). Die einzelnen Anteile der unterhalb dieses horizontalen Spaltes gelegenen Squama occipitalis – also die verkürzte Pars interparietalis und die verkürzte Pars supraoccipitalis – lassen sich gut voneinander unterscheiden (vgl. Abb. 29g).

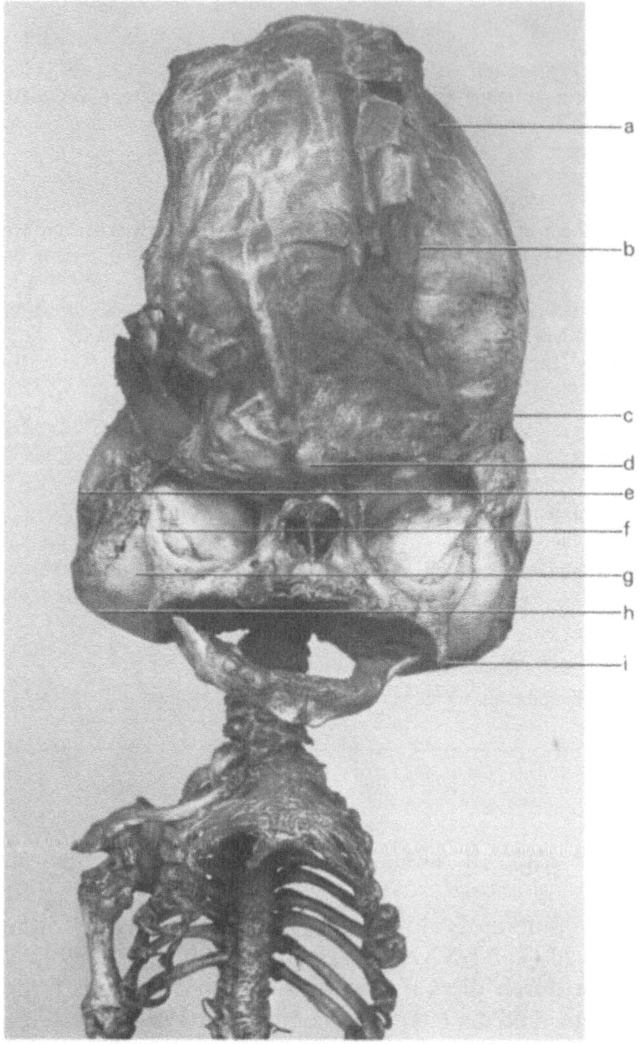

Abb. 27

(a) Obere Grenze der lateralen stark gekrümmten, steilen knöchernen Schädelkalotte
(b) vordere Grenze der lateralen stark gekrümmten, steilen knöchernen Schädelkalotte
(c) Crista orbito-parieto-occipitalis = Knochenringleiste
(d) untere Stirnmitte (Restanteile des rudimentären Os bifrontale)
(e) dünne Knochenlamelle unterhalb der Crista orbito-parieto-occipitalis
(f) oberer Rand des Os zygomaticum
(g) lateraler Anteil der Ala major des Os sphenoidale
(h) Squama temporalis
(i) hinterer Abschnitt des Arcus zygomaticus

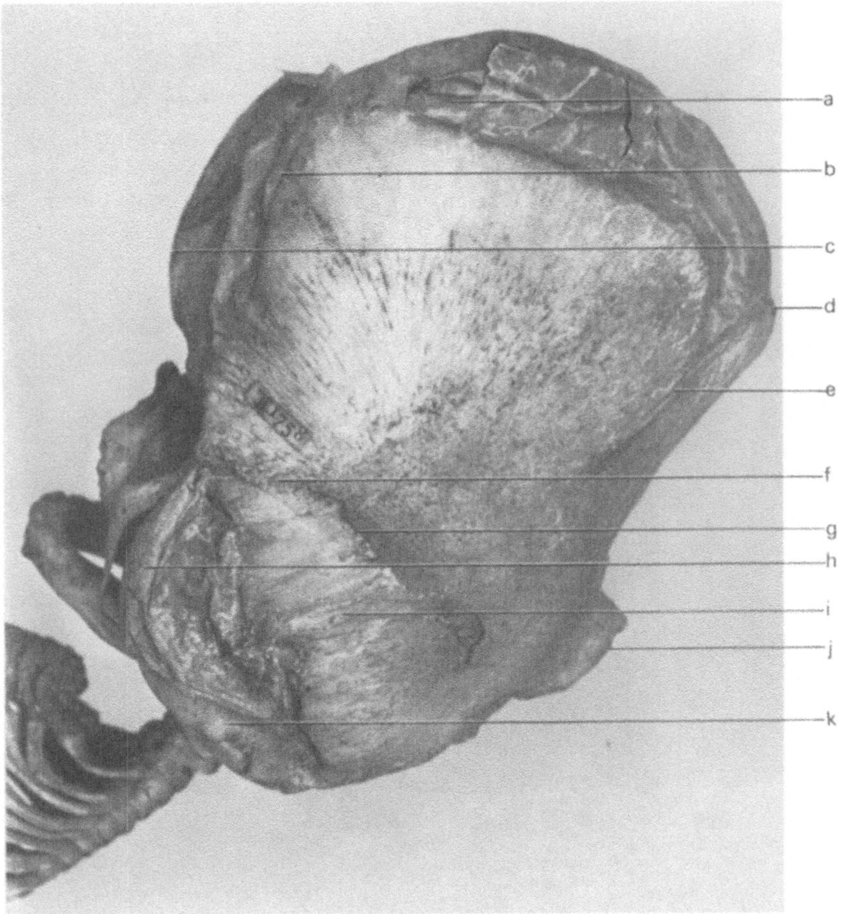

Abb. 28

(a) Obere Grenze der lateralen, stark gekrümmten, steilen knöchernen Schädelkalotte
(b) vordere Grenze der lateralen, stark gekrümmten, steilen Schädelkalotte
(c) untere Stirnmitte (Restanteile des rudimentären Os bifrontale)
(d) obere Grenze der hinteren oberen Kalotte
(e) Spalt zwischen der lateralen oberen Kalotte und der hinteren oberen Kalotte
(f) vorderer Abschnitt des lateralen Schenkels der Crista orbito-parieto-occipitalis
(g) Mitte des lateralen Schenkels der Crista orbito-parieto-occipitalis (ausgesprochener Porenreichtum in diesem Bezirk, strahlenförmige Verzweigung der Knochenbälkchen)
(h) lateraler Teil der Ala major des Os sphenoidale
(i) dünne Knochenlamelle unterhalb der Crista orbito-parieto-occipitalis
(j) Hinterhauptsverbildung
(k) Squama temporalis

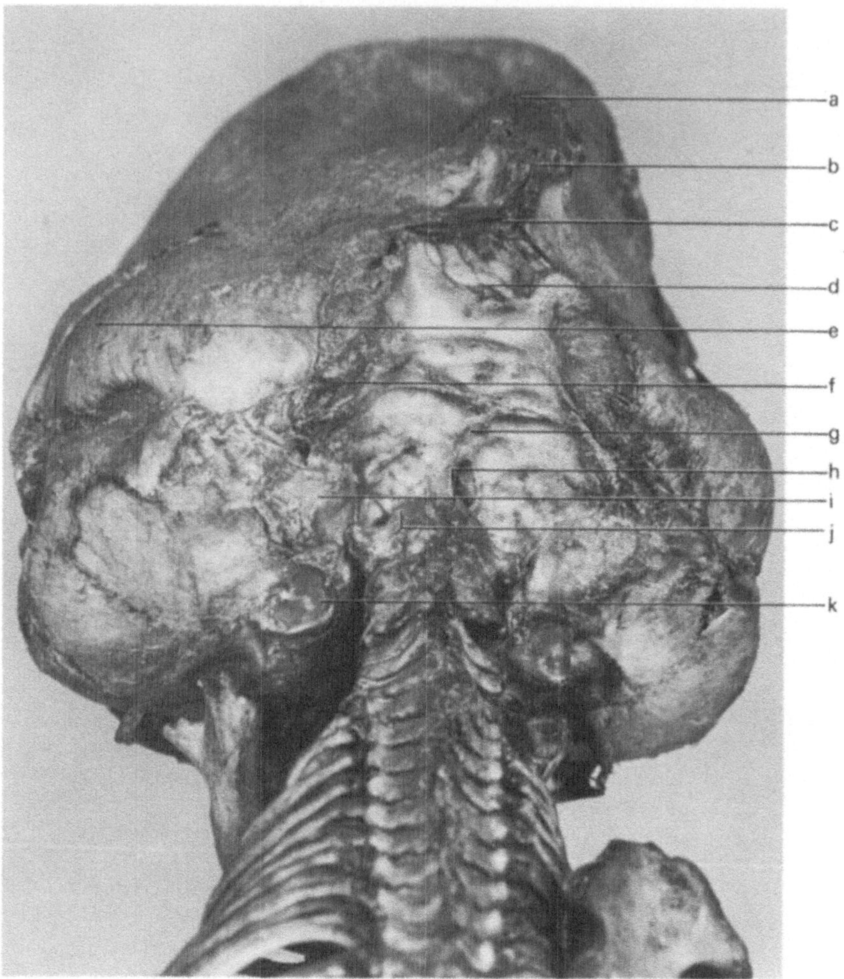

Abb. 29

(a) Oberer Rand der Hinterhauptsverbildung
(b) Brückenbildung im unteren Abschnitt der Hinterhauptsverbildung
(c) schmaler Spalt zwischen Hinterhauptsverbildung und der Pars interparietalis
(d) Pars interparietalis des Os occipitale
(e) dünne Lamelle unterhalb der linken Crista orbito-parieto-occipitalis
(f) knochenfreier Spalt lateral von der Squama occipitalis
(g) Pars supraoccipitalis
(h) schmaler Spalt in der Medianebene der unteren Pars supraoccipitalis
(i) Pars petrosa
(j) Rest der stark verschmälerten Synchondrosis intraoccipitalis posterior. Grenzbereich zwischen der Pars petrosa, der Pars supraoccipitalis und der Pars exoccipitalis
(k) Annulus tympanicus

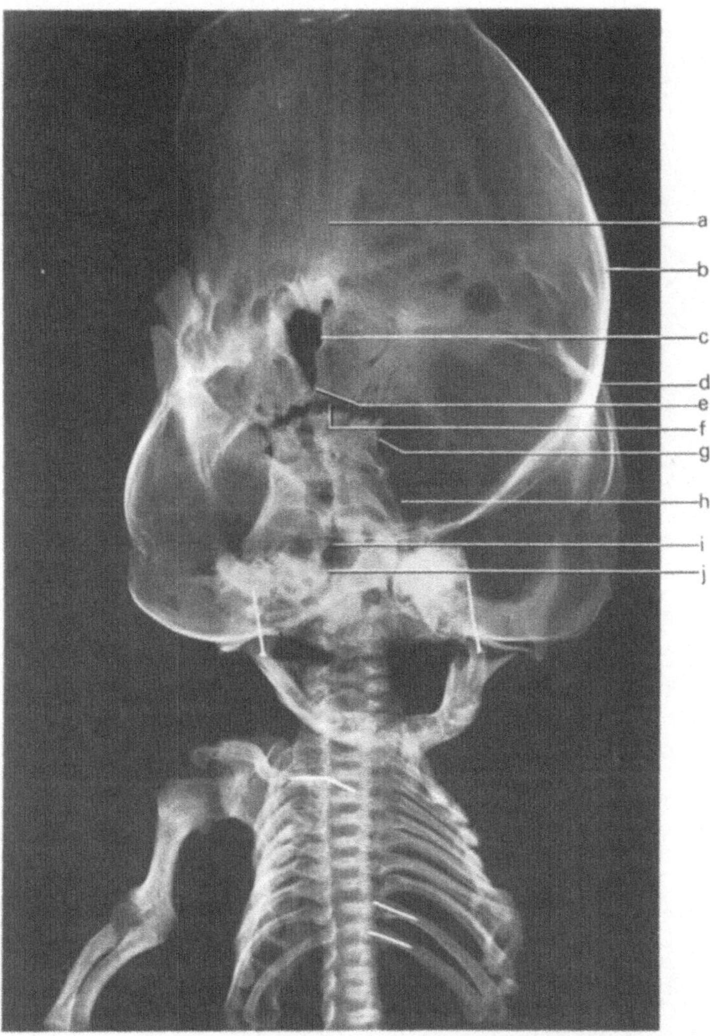

Abb. 30. Röntgen a.-p. Aufnahme

(a) Obere hintere Kalotte
(b) laterale obere Kalotte
(c) lateraler leicht gezähnelter poröser Randwall der Hinterhauptsverbildung
(d) lateraler Schenkel der Crista orbito-parieto-occipitalis
(e) unterer Abschnitt der Hinterhauptsverbildung mit Brückenbildung zwischen den lateralen Rändern
(f) Spalt zwischen der Pars interparietalis des Os occipitale und dem unteren Abschnitt der Hinterhauptsverbildung
(g) lateraler Rand der Pars interparietalis des Os occipitale
(h) lateraler Rand der Pars supraoccipitalis des Os occipitale
(i) hinterer Abschnitt der Pars exoccipitalis des Os occipitale (Bereich der teilweise verknöcherten Synchondrosis intraoccipitalis posterior)
(j) lateraler Rand des Foramen occipitale magnum – Pars exoccipitalis des Os occipitale

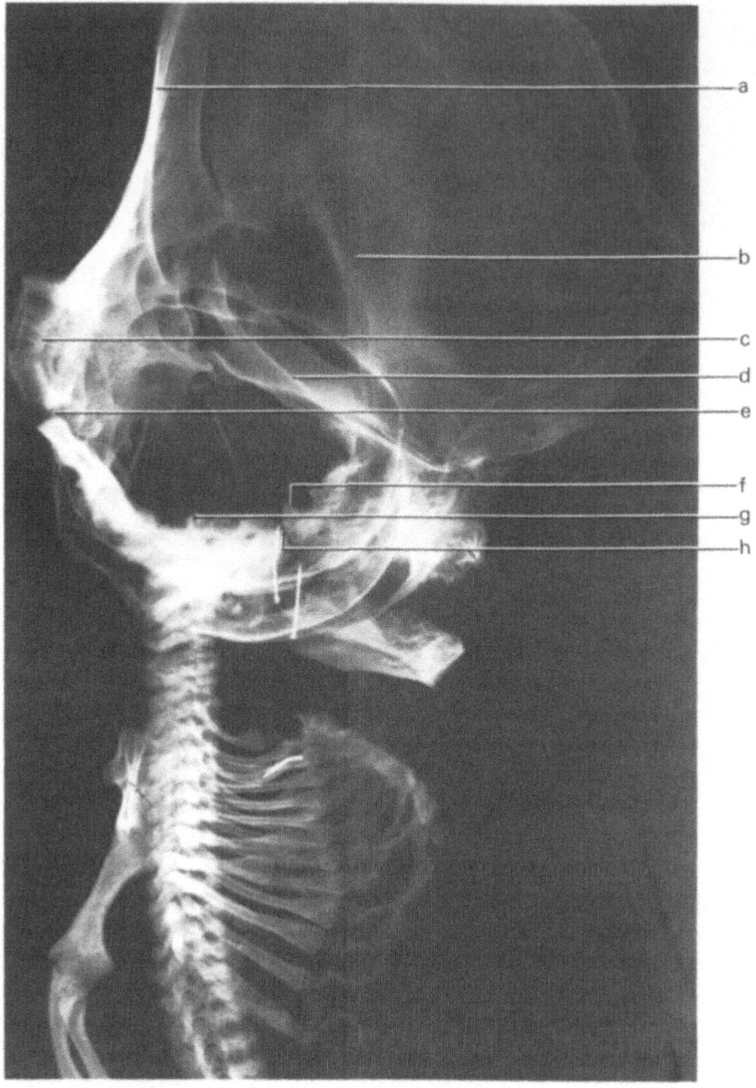

Abb. 31. Röntgenaufnahme

(a) Obere hintere Kalotte
(b) laterale obere Kalotte
(c) Randwall der Hinterhauptsverbildung
(d) Crista orbito-parieto-occipitalis
(e) Spalt zwischen der Pars interparietalis des Os occipitale und dem unteren Abschnitt der Hinterhauptsverbildung
(f) Dorsum sellae
(g) Bogengang
(h) Synchondrosis spheno-occipitalis

Mittlere Schädelgrube

Der laterale Abschnitt des großen Keilbeinflügels wölbt sich hier ebenso wie die nach caudal abgesunkene Squama temporalis weit nach außen [vgl. Abb. 26 (Tafel XXXVI, d, e)]. Der Ausgangspunkt des Processus zygomaticus des Os temporale ist hier entsprechend der nach caudal verlagerten Squama temporalis nach caudal verschoben [Abb. 26 (Tafel XXXVI i)]. Der Annulus tympanicus befindet sich hier in gleicher Höhe wie das Kinn. Die Pars petrosa des Os temporale fällt steil nach lateral ab. Der Abstand zwischen dem Hinterrand des kleinen Keilbeinflügels und dem Hinterhaupt ist verkleinert, die mittlere Schädelgrube verkürzt. Die Entfernung von der Nasenwurzel bis zur Synchondrosis spheno-occipitalis beträgt ungefähr 4,2 cm gegenüber 5 cm bei gesunden Neugeborenen (VIRCHOW, 1857). Röntgenologisch läßt sich die Fuge zwischen dem Basis- und dem Praesphenoid (hinterem und vorderem Keilbein) im seitlich durchfallenden Strahlengang nicht mehr nachweisen (vgl. Abb. 31, unterhalb der Hypophysengrube, vgl. f).

Hintere Schädelgrube

Die Röntgenaufnahme der Schädelbasis ergibt eine zumindest relative Verengung der Synchondrosis spheno-occipitalis (Abb. 31h). Der Abstand zwischen dem Hinterrand der Sella turcica (Abb. 31f) und der hinteren Kalotte erreicht nicht die Werte wie bei gesunden Kindern; es besteht eine Verkürzung. Die Fuge zwischen der Pars supraoccipitalis und der Pars exoccipitalis läßt sich von außen nur andeutungsweise erkennen (Abb. 29j). Sie ist damit gegenüber Vergleichsfällen erheblich verschmälert. Nach lateral reicht der obere Anteil der Pars supraoccipitalis bis in die Nähe der Pars petrosa des Os temporale (Abb. 29i). Im unteren Abschnitt der Pars supraoccipitalis des Os occipitale verläuft in der Medianebene ein senkrechter Spalt (Abb. 29h). Eine Verschmälerung und Verkürzung des Foramen occipitale magnum ist zumindest wahrscheinlich. Der Winkel, den die Pyramiden hier miteinander in der Frontalebene bilden, läßt sich auf unseren Bildern nicht genau bestimmen.

Schädelfernes Skelet

Das schädelferne Skelet zeichnet sich neben der Mikromelie durch eine zusätzliche Femurkrümmung mit Torsion rechts aus.

Das Verhältnis von Wirbelkörperhöhe zu Zwischenwirbelabstand beträgt im Lumbalbereich 1:1,5 und erreicht nach cranial fast Werte von 1:1. Verkürzung und Verbreiterung der Darmbeinschaufel (Abb. 32).

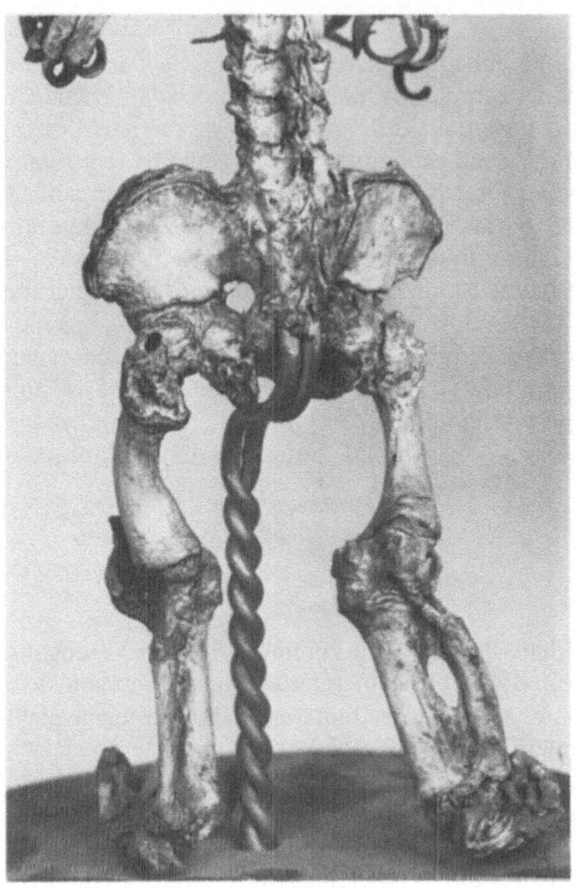

Abb. 32. Becken und untere Extremität. Verkürzung und Verbreiterung der Darmbeinschaufel, nach unten fast horizontale Begrenzung. Verkürzung der langen Röhrenknochen

Wichtigste Merkmale des Amsterdamer Falles

Perinataler Tod

Kleeblattform +

Crista orbito-parieto-occipitalis +

schaufelartige, laterale, obere Kalotte

bis in die Stirnmite reichend –

nur bis in die laterale Stirnregion reichend +

strahlenähnliche Verzweigung der Knochenbälkchen auf der Außenseite der lateralen oberen Kalotte +

dünnes, rudimentäres Os bifrontale in Stirnmitte +

dünne, nach außen gekrümmte Lamelle unterhalb der Crista orbito-parieto-occipitalis +

längsovale Hinterhauptsverbildung in der Medianebene +

knochenfreies Zentrum in dieser Hinterhauptsverbildung +

Wichtigste Merkmale des Amsterdamer Falles (Fortsetzung)

exzessiver Gefäßreichtum im Bereich der Hinterhauptsverbildung +
Verkürzung der hinteren Schädelgrube +
Verkürzung der mittleren Schädelgrube +
Verkürzung der vorderen Schädelgrube (+)
Verschmälerung und Verkürzung des Foramen occipitale magnum +
Verengung der Synchondrosis intersphenoidalis +
Verengung der Synchondrosis spheno-occipitalis +
Verengung der Synchondrosis intraoccipitalis anterior +
Verengung der Synchondrosis intraoccipitalis posterior +
Verkleinerung der Pars exoccipitalis des Os occipitale +
verstärkte Neigung der Pyramiden nach caudal +
Verkleinerung des Winkels zwischen Pyramiden und Medianebene ?
Verkürzung der Pars supraoccipitalis +
Verkürzung der Pars interparietalis +
Zwergwuchs +

2. London

Ein weiteres altes Präparat konnten wir in *London* im Museum des *St. Bartholomew's* Hospital untersuchen (TE 256). Dieses Skelet wurde schon mehrfach in Museumskatalogen erwähnt (Literaturhinweise bei PARTINGTON et al., 1971; auf PAGET, 1851; BOWLBY, 1884; SHORE, 1929; GATES, 1958; LENZ, 1964). Von GATES (1958) wurde das Präparat in einer Arbeit über den Zwergwuchs bei Pygmäen aufgeführt. Die Gesamtlänge beträgt 30,48 cm. Es liegt eine Einziehung der Nasenwurzel vor (Abb. 33, 34); die vordere Schädelgrube ist geringfügig verkürzt. Die Crista orbito-parieto-occipitalis zieht hufeisenförmig um die laterale und die hintere Kalotte (Abb. 33e, 34e, 35f, 36c, 37d, 38c). Ein rudimentärer, dünner Knochen in der Stirnmitte läßt sich zumindest nicht sicher nachweisen (Abb. 33, 34). In der Region der großen Fontanelle erstreckt sich eine breite knochenfreie oder knochenarme Lücke zwischen dem sehr weit nach vorn vergrößerten Anteil der lateralen oberen Kalotte (Abb. 33c) und der Stirnregion (Abb. 33b, 34d). Der große, steile Knochen in der lateralen Kalotte reicht fast bis in die Medianlinie des unteren Stirnabschnittes über der Nasenwurzel (Abb. 33d). Der Arcus zygomaticus fällt steil nach caudo-occipital ab (Abb. 33g, 35m). In der lateralen oberen Kalotte verzweigen sich die Knochenbälkchen angedeutet strahlenförmig von einem Punkt in der Mitte der Crista orbito-parieto-occipitalis (Abb. 33e, 34e). Der Hinterrand der lateralen, oberen Kalotte ragt bis weit nach occipital (Abb. 34b, 35c). Der obere Abschnitt der hinteren Kalotte wird von einem schaufelförmig gekrümmten Knochen gebildet (Abb. 34c, 35a, d, 36a, 37a), der mit der lateralen Kalotte durch die Crista orbito-parieto-occipitalis verbunden ist. Nur ein schmaler Spalt trennt noch den obersten Teil der lateralen

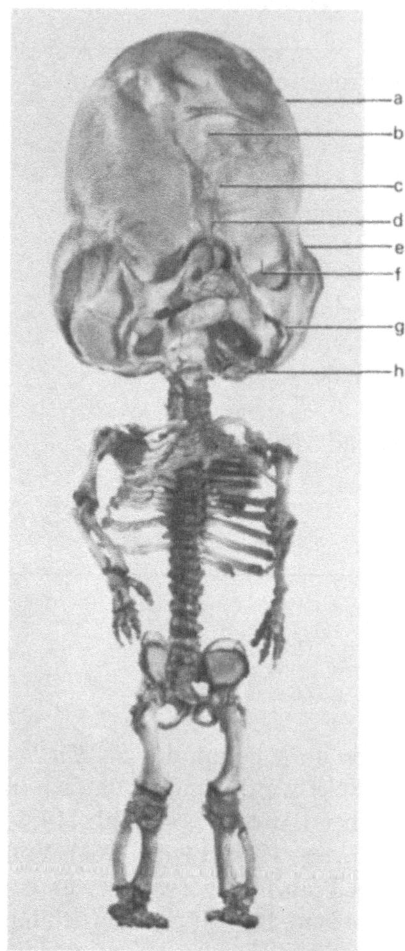

Abb. 33. *Londoner* Fall (Bart's specimen)

(a) Oberer Rand der lateralen oberen Kalotte
(b) obere Stirnmitte
(c) vorderer Rand der lateralen oberen Kalotte
(d) untere Stirnmitte
(e) lateraler Schenkel der Crista orbito-parieto-occipitalis
(f) Orbitadach
(g) steil abfallender Arcus zygomaticus
(h) Annulus tympanicus

oberen Kalotte von der hinteren oberen Kalotte (Abb. 34b, 35c). Im unteren medianen Teil des hinteren oberen Kalottenabschnittes befindet sich eine 2 cm × 1 cm große ovale Lückenbildung mit einem nach außen erhabenen starken, unregelmäßigen, gezähnelten Randwall (Abb. 34f, g, 35e, 36d, f, 37b, c). Die benachbarten Knochenbezirke zeigen zahlreiche Poren (Abb. 35e). Im unteren Bereich werden die Ränder dieser Lücke durch eine Brücke in der Medianebene miteinander verbunden (Abb. 35h, 37c). Nach unten besteht eine breite Verbindung zur verkürzten Squama occipitalis, in der röntgenologisch mehrere dünne Knochenbezirke beobachtet werden. Vom lateralen hinteren Schenkel der Crista orbito-parieto-occipitalis ragt eine dünne Knochenlamelle nach außen (Abb. 33, 34h, 35g, 36e, 37e, 38d), die nach occipital langsam in die Umrandung der Hinterhauptslücke mit ihrem gezähnelten Rand übergeht.

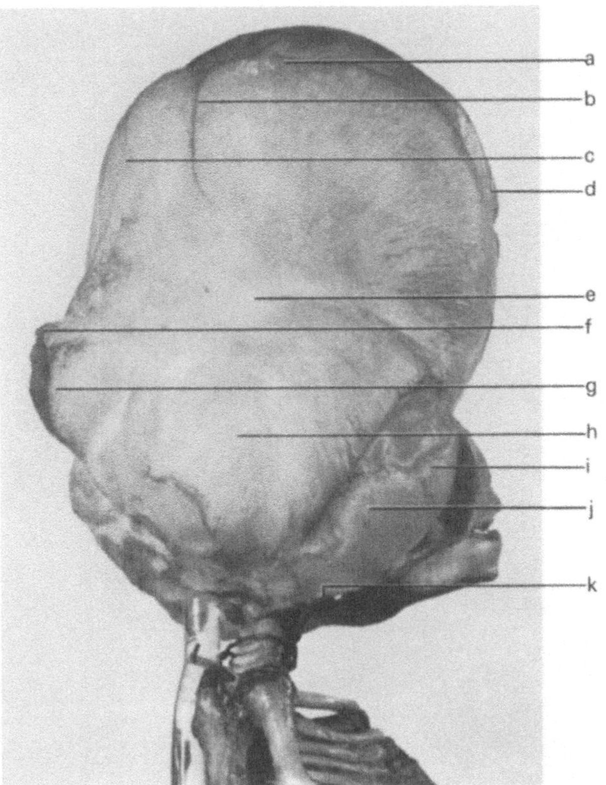

Abb. 34

(a) Obere Grenze der lateralen stark gekrümmten, steilen knöchernen Schädelkalotte
(b) Spalte zwischen hinterer oberer und lateraler oberer Kalotte
(c) hintere obere Kalotte
(d) obere Stirnregion
(e) Mitte des lateralen Schenkels der Crista orbito-parieto-occipitalis, von hier aus strahlige Verzweigung der Knochenbälkchen
(f) oberer Rand der Hinterhauptsverbildung
(g) lateraler Rand der Hinterhauptsverbildung
(h) dünne Lamelle unterhalb der Crista orbito-parieto-occipitalis
(i) lateraler Anteil der Ala majoris des Os sphenoidale
(j) Squama temporalis
(k) Gegend des Annulus tympanicus

Mittlere Schädelgrube

Der laterale Abschnitt des großen Keilbeinflügels wölbt sich ebenso wie die nach caudal abgesunkene Squama temporalis weit nach außen (Abb. 33, 34i, j, 35j). Der Ausgangspunkt des Processus zygomaticus des Os temporale ist nach caudal verschoben (Abb. 33, 35m). Der Annulus tympanicus befindet sich in gleicher Höhe (Abb. 33h, 34k) wie das Kinn. Die Pars petrosa fällt dementsprechend

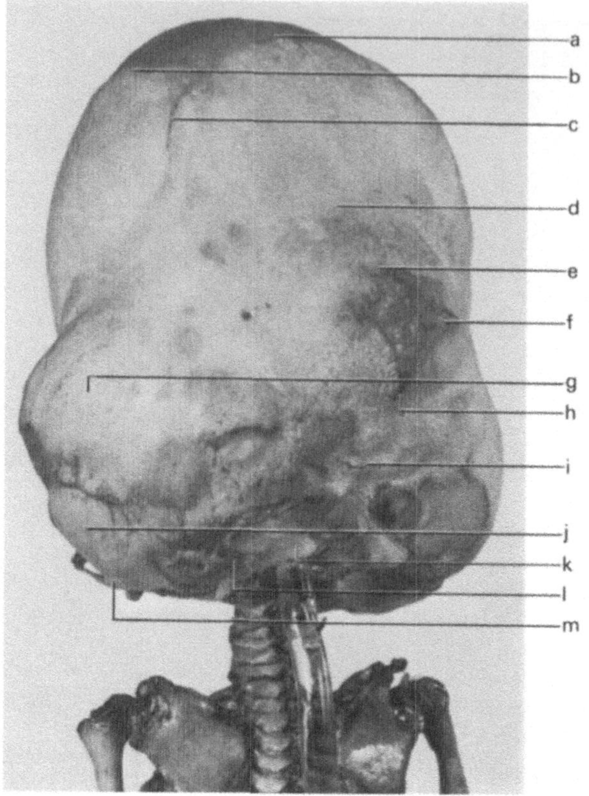

Abb. 35

(a) Oberer Rand der hinteren oberen Kalotte
(b) oberer Rand der lateralen oberen Kalotte
(c) schmaler Spalt zwischen der lateralen oberen und der hinteren oberen Kalotte
(d) obere hintere Kalotte
(e) ausgesprochen porenreicher oberer Rand der Hinterhauptsverbildung
(f) ausgesprochen porenreicher lateraler Rand der Hinterhauptsverbildung
(g) dünne Knochenlamelle unterhalb der Crista orbito-parieto-occipitalis
(h) unterer porenreicher Rand der Hinterhauptsverbildung. Übergangsbereich zur Pars interparietalis ossis occipitalis, Squama occipitalis verkürzt
(i) Grenzbereich zwischen Pars supraoccipitalis und Pars interparietalis
(j) Squama temporalis
(k) kurze Pars supraoccipitalis des Os occipitale. (Mehrere ausgesprochen dünnwandige Knochenbezirke in der Hinterhauptsschuppe)
(l) Grenzbereich zwischen der Pars petrosa des Os temporale, der Pars exoccipitalis des Os occipitale und der Pars supraoccipitalis des Os occipitale
(m) Processus zygomaticus des Os temporale

steil nach latero-caudal ab. Röntgenologisch läßt sich die Fuge zwischen dem Basis- und dem Praesphenoid (hinterem und vorderem Keilbein) nicht mehr nachweisen (vgl. Abb. 36g). Die Entfernung von der Nasenwurzel bis zur Synchon-

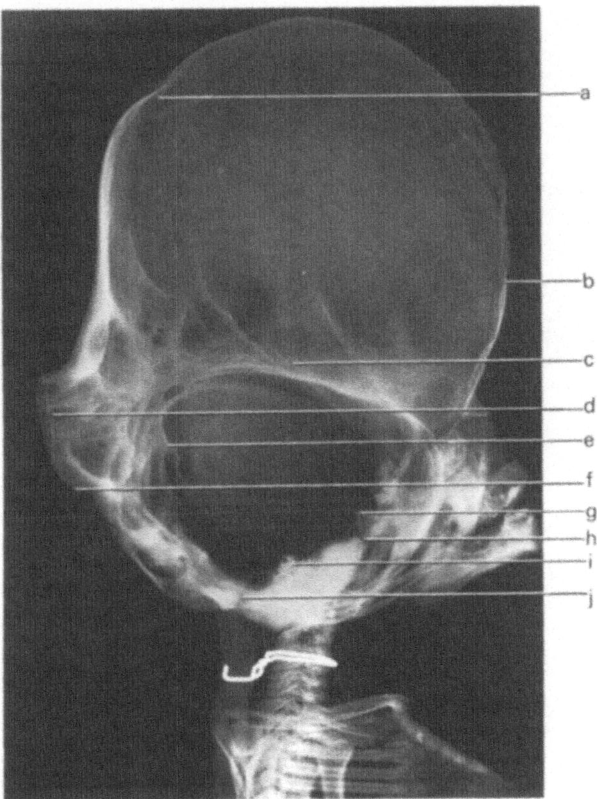

Abb. 36. Röntgenseitaufnahme

(a) Hintere obere Kalotte
(b) Stirnregion
(c) Mitte der Crista orbito-parieto-occipitalis
(d) Rand der Hinterhauptsverbildung
(e) dünne Lamelle unterhalb der Crista orbito-parieto-occipitalis (innere Knochenringleiste)
(f) unterer Abschnitt der Hinterhauptsverbildung
(g) Sella turcica (Synchondrosis intersphenoidalis nicht sichtbar)
(h) Synchondrosis spheno-occipitalis
(i) oberer Bogengang
(j) Synchondrosis intraoccipitalis posterior

drosis spheno-occipitalis ist verkürzt. Der Winkel, den die Pyramiden gegenüber der Medianebene bilden, läßt sich aus unseren Aufnahmen nicht bestimmen.

Hintere Schädelgrube

Die Röntgenaufnahme der Schädelbasis ergibt eine zumindest relative Verengung der Synchondrosis spheno-occipitalis (Abb. 36h). Der Abstand zwischen dem

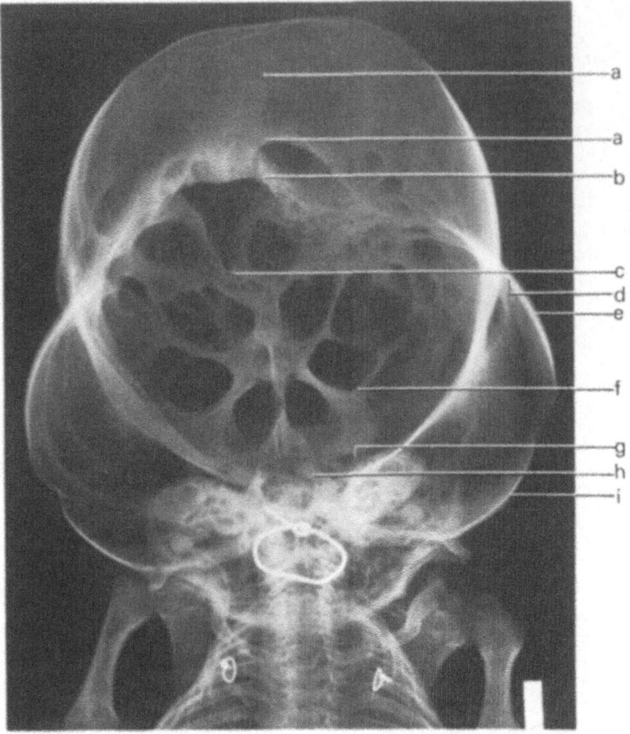

Abb. 37

(a) Hintere obere Kalotte
(b) oberer porenreicher Rand der Hinterhauptsverbildung
(c) porenreiche Brückenbildung im unteren Abschnitt der Hinterhauptsverbildung
(d) Crista orbito-parieto-occipitalis (innere Knochenringleiste)
(e) dünne Lamelle unterhalb der Crista orbito-parieto-occipitalis (innere Knochenringleiste)
(f) lateraler unterer Abschnitt der Pars supraoccipitalis der verkürzten Squama occipitalis
(g) Grenzbereich zwischen der verkürzten Pars supraoccipitalis und der ebenfalls verkleinerten Pars exoccipitalis des Os occipitale und dem dorso-lateralen Abschnitt der Pars petrosa des Os temporale (nach median Reste der hochgradig verschmälerten, z. T. verknöcherten Synchondrosis intraoccipitalis posterior)
(h) hinterer Abschnitt der verkleinerten Pars exoccipitalis des Os occipitale
(i) lateraler Boden der mittleren Schädelgrube

Hinterrand der Sella turcica und der hinteren Kalotte erreicht nicht den Wert gesunder Kinder, es besteht somit eine Verkürzung. Die Fuge zwischen der verkürzten Pars supra- und der ebenfalls zu kleinen Pars exoccipitalis – Synchondrosis intraoccipitalis posterior – ist verschmälert (Abb. 35l, 36j, 37g, h). Die Größe des Foramen occipitale magnum läßt sich auf unseren Röntgenbildern nicht sicher bestimmen. Mehrere ausgesprochen dünnwandige Bezirke dehnen sich in der Hinterwand der hinteren Schädelgrube aus (Abb. 37, zwischen Pfeilende c, h und g).

Schädelfernes Skelet

Das schädelferne Skelet zeichnet sich durch eine starke Verkürzung der langen Röhrenknochen bei gleichzeitiger Verdickung aus (Abb. 33). Das Verhältnis von Wirbelkörperhöhe zu Zwischenwirbelabstand beträgt im Lumbalbereich 1 : 1,5 und erreicht nach cranial Werte von 1 : 1. Verkürzung und Verbreiterung der Darmbeinschaufel (vgl. Abb. 33).

Wichtigste Merkmale des Londoner Falles (TE 256)

"Foetus at about seventh month" (SHORE, 1929)

Kleeblattform +
Crista orbito-parieto-occipitalis
schaufelartige, laterale, obere Kalotte
  bis in die Stirnmitte reichend +
  bis in die laterale Stirnregion reichend –
strahlenähnliche Verzweigung der Knochenbälkchen auf der Außenseite der lateralen oberen Kalotte +
dünnes, rudimentäres Os bifrontale in Stirnmitte (?)
dünne, nach außen gekrümmte Lamelle unterhalb der Crista orbito-parieto-occipitalis +
längsovale Hinterhauptsverbildung in der Medianebene +
knochenfreies Zentrum in dieser Hinterhauptsverbildung +
exzessiver Gefäßreichtum im Bereich der Hinterhauptsverbildung +
Verkürzung der hinteren Schädelgrube +
Verkürzung der mittleren Schädelgrube +
Verkürzung der vorderen Schädelgrube (+)
Verkürzung und Verschmälerung des Foramen occipitale magnum (?)
Verengung der Synchondrosis intersphenoidalis +
Verengung der Synchondrosis spheno-occipitalis +
Verengung der Synchondrosis intraoccipitalis anterior (+)?
Verengung der Synchondrosis intraoccipitalis posterior +
Verkleinerung der Pars exoccipitalis des Os occipitale +
verstärkte Neigung der Pyramiden nach caudal +
Verkleinerung des Winkels zwischen Pyramiden und Medianebene?
Verkürzung der Pars supraoccipitalis +
Verkürzung der Pars interparietalis +
Zwergwuchs +

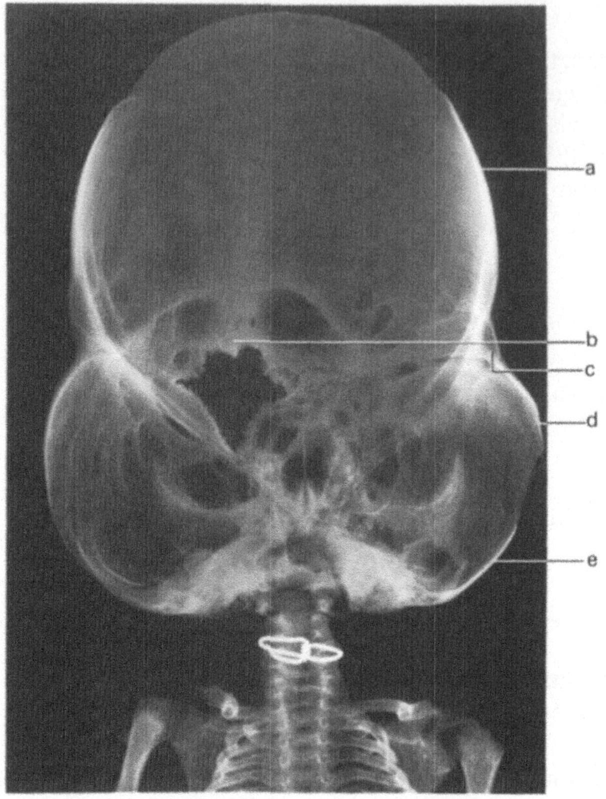

Abb. 38

(a) Laterale obere Kalotte
(b) oberer porenreicher Rand der Hinterhauptsverbildung
(c) Crista orbito-parieto-occipitalis
(d) dünne Lamelle unterhalb der Crista orbito-parieto-occipitalis
(e) lateraler Boden der mittleren Schädelgrube (lateraler Abschnitt der Alae majoris ossis sphenoidalis und Squama temporalis)

Abb. 39. *Innsbrucker* Fall ▷

(a) Oberer Rand der lateralen oberen Kalotte
(b) Crista orbito-parieto-occipitalis (innere Knochenringleiste)
(c) mittlere Stirnregion, vordere Grenze der steilen, stark nach vorn verlängerten oberen Kalotte, schmale knöcherne Verbindung zwischen den Kalottenhälften unmittelbar oberhalb der Nasenwurzel
(d) lateraler oberer Orbitawinkel
(e) Facies orbitalis der Ala major des Os sphenoidale
(f) laterale Orbitawand (Os zygomaticum)
(g) Arcus zygomaticus
(h) Wirbelkörper
(i) Zwischenwirbelabstand
(j) unterer fast horizontaler Rand des Os ilium

3. Innsbruck

Ein schon mehrfach erwähntes Skelet untersuchten wir in *Innsbruck* (M 25). Gruber (II) beschrieb es 1925 und korrigierte 1926 seine Auffassung. Er übernahm 1926 die Meinung von Dietrich-Weinnoldt, die – ebenfalls 1926 – bei der Schilderung eines eigenen Falles *Gruber's* Erstbeschreibung kritisch beurteilte.

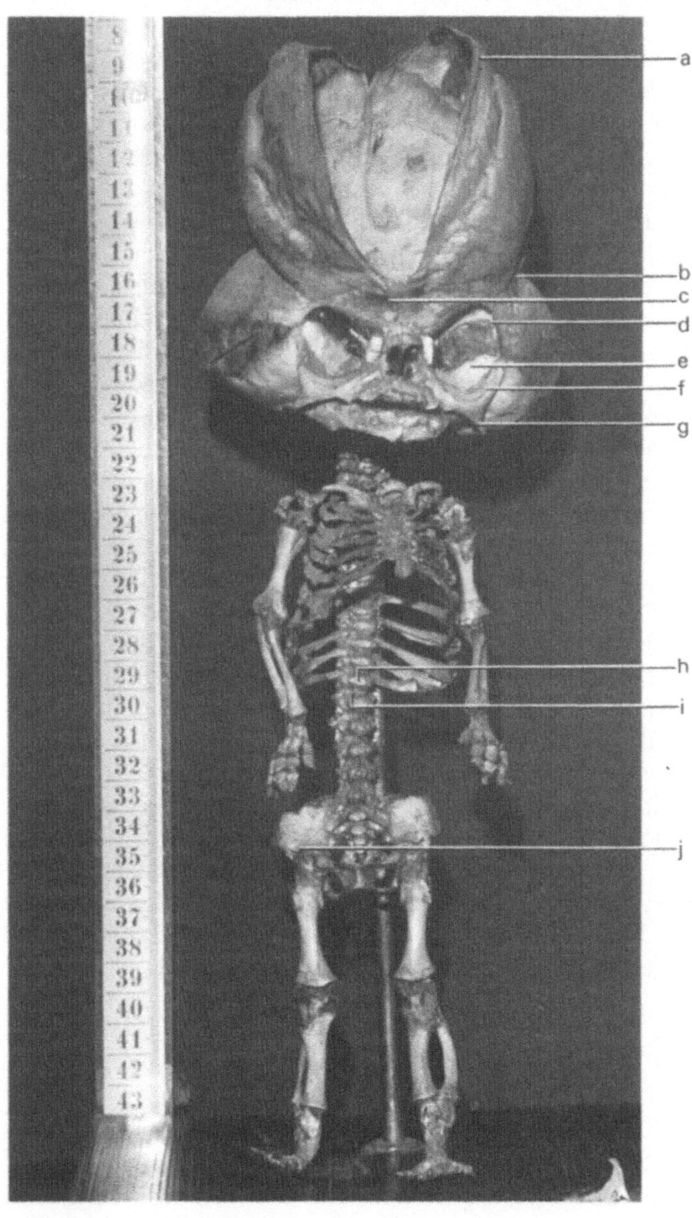

Abb. 39

Haslhofer beschrieb dieses Skelet 1968 erneut und übernahm weitgehend die Auffassung, die Gruber (I) in seiner ersten Arbeit 1925 vertrat.

Bei diesem 35,5 cm langen Skelet finden wir eine Einziehung der Nasenwurzel (Abb. 39, 40e, 44, 47) mit sehr geringfügiger Verkürzung der vorderen Schädelgrube und Abflachung der Augenhöhle (Abb. 39e). Die Crista orbito-parieto-occipitalis (Abb. 39b, 40b, 41d, 42c, 45c, 46b, 47c) zieht hufeisenförmig um die laterale, obere und untere, hintere Kalotte. In der Stirnmitte sehen wir keine isolierte Knocheninsel, dagegen reicht die obere, laterale Kalotte bis weit in die Stirn (Abb. 39c), wo beide Anteile über der Nasenwurzel durch eine Knochenbrücke miteinander verbunden sind. In der Region der großen Fontanelle dehnt sich wieder eine breite Lücke zwischen dem weit nach vorn vergrößerten, steilen Anteil der lateralen Kalotte (Abb. 39a, 40a) und der schmalen Knochenbrücke (Abb. 39c) oberhalb der Nasenwurzel aus. Der Arcus zygomaticus fällt steil nach caudo-occipital ab (Abb. 39g). Auf der Außenfläche der lateralen, oberen Kalotte verzweigen sich die Knochenbälkchen strahlenförmig von einem Punkt, der in der Mitte am Oberrand der Crista orbito-parieto-occipitalis liegt (Abb. 40b). Unmittelbar unterhalb der Crista orbito-parieto-occipitalis wölbt sich eine dünne Knochenlamelle nach caudo-lateral, deren unterer Rand stark aufgefiedert ist (Abb. 40d, 41f, 42d). Der obere Abschnitt der hinteren Kalotte wird von einem schaufelförmigen Knochen gebildet (Abb. 41a, 42, 47b), der mit der lateralen Kalotte (Abb. 39, 40b, 41b, 42, 44, 45) durch die Crista orbito-parieto-occipitalis verbunden ist. Nur im obersten Abschnitt besteht noch eine Trennung durch einen schmalen Spalt zwischen hinterer, oberer und lateraler, oberer Kalotte (Abb. 41c, 42). Der Hinterrand der lateralen, oberen Kalotte reicht bis weit hinter den Annulus tympanicus (Abb. 40). Im unteren medianen Teil des oberen occipitalen Kalottenabschnittes befindet sich eine 1,5 cm × 2 cm große längsovale Lückenbildung mit einem nach außen erhabenen, stark gezähnelten Randwall (Abb. 40c, 41e, 42b, 45b, 46c, 47d). Der an diesen Randwall anschließende Kalottenabschnitt zeigt zahlreiche Poren, so daß ein bimssteinähnliches Bild entsteht (Abb. 42). Im unteren, medialen Bereich wird der laterale Randwall durch eine schmale Brückenbildung miteinander verbunden (Abb. 41g, oberhalb des Pfeilendes, Abb. 42c, oberhalb des Pfeilendes; vgl. auch Abb. 45, 46). Diese Lückenbildung wird durch einen bogenförmigen, nach unten offenen, teilweise verknöcherten Spalt von der Squama occipitalis abgetrennt (vgl. Abb. 41g unmittelbar oberhalb des Pfeilendes und Abb. 41h, 42f). Die einzelnen Anteile der unterhalb dieses Spaltes gelegenen Squama occipitalis – also die desmal entstandene verkürzte Pars interparietalis und die enchondral entstandene ebenfalls verkleinerte Pars supraoccipitalis – lassen sich gut voneinander unterscheiden (Abb. 41, vgl. g, h und i, 42c, e, f). Die Incisura lateralis ist gut sichtbar (Abb. 41, 42e).

Mittlere Schädelgrube

Der laterale Abschnitt des großen Keilbeinflügels und die Squama temporalis wölben sich weit nach lateral (Abb. 39, 40f, g, 45h) bei gleichzeitiger Caudalverlagerung des gesamten Os temporale. Der Abstand zwischen dem Hinterrand

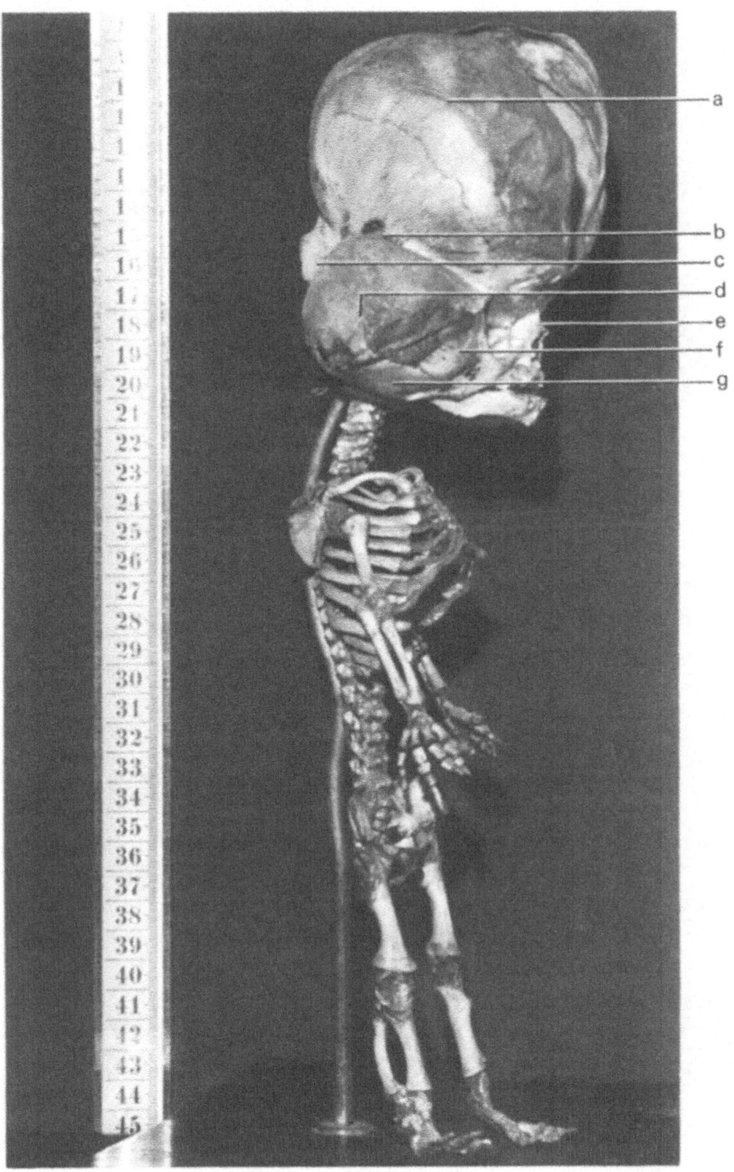

Abb. 40

(a) Oberer Rand der lateralen oberen Kalotte
(b) Mitte des lateralen Schenkels der Crista orbito-parieto-occipitalis (von hier aus strahlenförmige Verzweigung von Knochenbälkchen)
(c) ausgesprochen porenreicher Randwall der Hinterhauptsverbildung
(d) Knochenlamelle unterhalb der Crista orbito-parieto-occipitalis
(e) tiefeingezogene Nasenwurzel
(f) Facies temporalis der Ala major des Os sphenoidale
(g) Squama temporalis

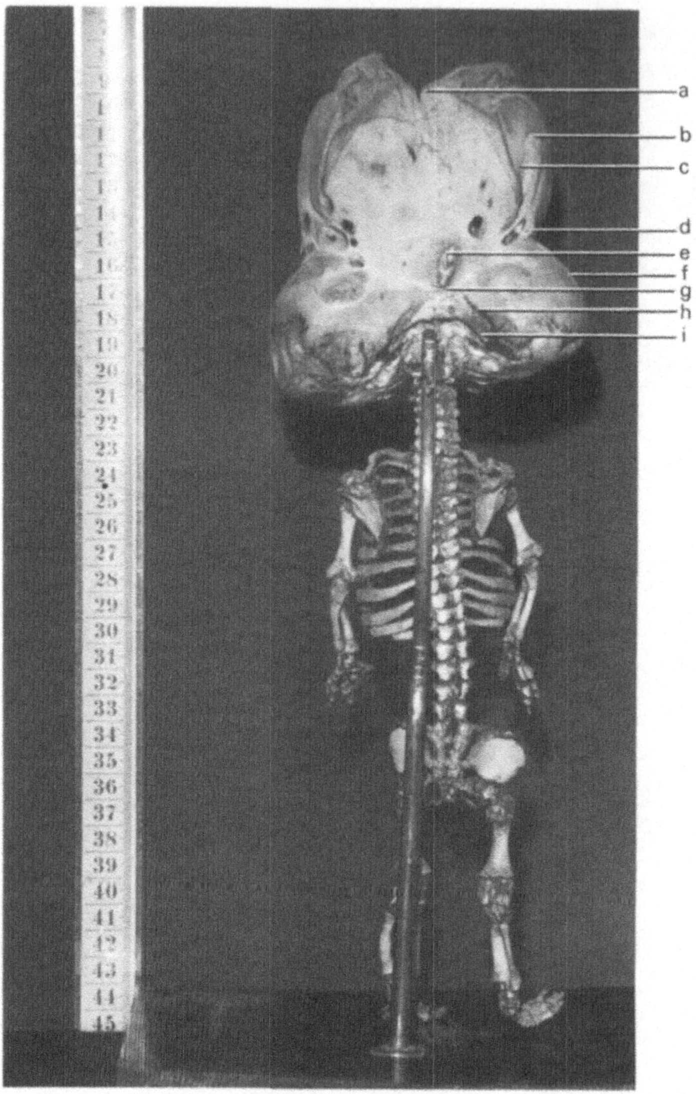

Abb. 41

(a) Oberer Rand der hinteren oberen Kalotte
(b) laterale obere Kalotte
(c) schmaler Spalt zwischen der lateralen oberen und der hinteren oberen Kalotte
(d) Crista orbito-parieto-occipitalis
(e) Zentrum der ausgesprochen gefäß- bzw. porenreichen Hinterhauptsverbildung
(f) dünne Knochenlamelle unterhalb der Crista orbito-parieto-occipitalis
(g) obere Begrenzung der Pars interparietalis der verkürzten Squama occipitalis
(h) laterale Begrenzung der verkürzten Pars interparietalis
(i) Grenzbereich zwischen der kurzen Pars supraoccipitalis und der ebenfalls verkürzten Pars exoccipitalis des Os occipitale einerseits und dem dorsolateralen Bereich der Pars petrosa ossis temporalis andererseits

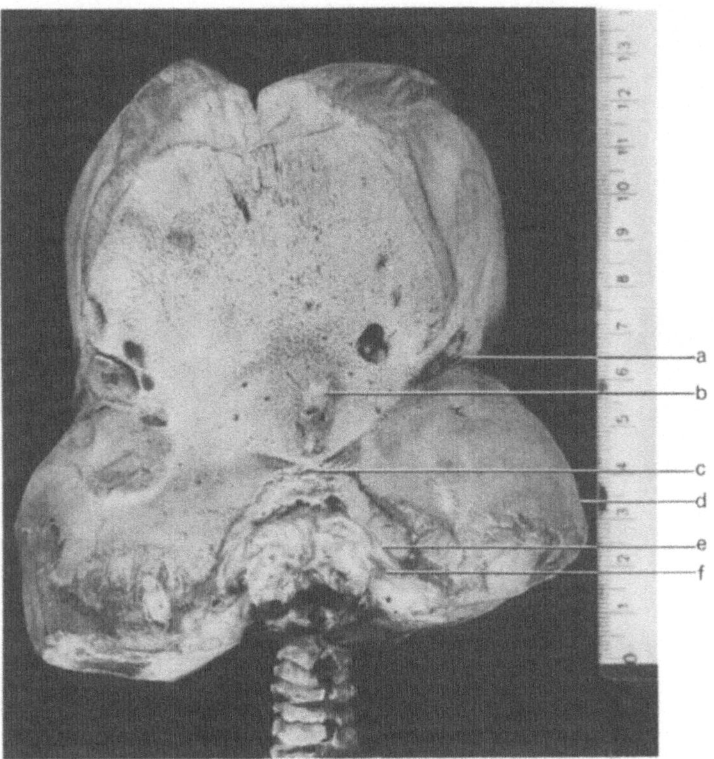

Abb. 42

(a) Rechte Crista orbito-parieto-occipitalis
(b) Hinterhauptsverbildung (darüber das obere Hinterhaupt)
(c) oberer Rand der Pars interparietalis des Os occipitale
(d) dünne Lamelle unterhalb der rechten Crista orbito-parieto-occipitalis
(e) Incisura lateralis
(f) Grenzbereich zwischen der Pars exoccipitalis und der Pars supraoccipitalis sowie der Pars petrosa des Os temporale. Anteil der Pars synchondrosis intraoccipitalis posterior

des kleinen Keilbeinflügels und dem Hinterhaupt ist gegenüber der Norm verkleinert. Röntgenologisch läßt sich die Fuge zwischen dem Basis- und dem Praesphenoid (hinterem und vorderem Keilbein) im seitlichen Strahlengang nicht mehr nachweisen (Abb. 47 unter e). Es liegt somit eine starke Verengung vor.

Hintere Schädelgrube

Die Röntgenaufnahmen der Schädelbasis lassen eine Verengung der Synchondrosis spheno-occipitalis erkennen (Abb. 47e, occipital von dem Pfeilende). Der Abstand zwischen dem Dorsum sellae und der hinteren Kalotte ist verkürzt. Die Entfernung von der Nasenwurzel bis zur Synchondrosis spheno-occipitalis

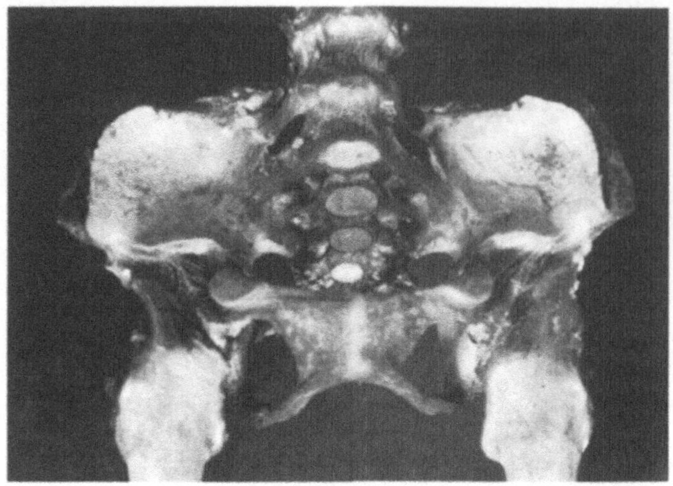

Abb. 43. Verkürzung der Darmbeinschaufel mit nach unten horizontaler Begrenzung

beträgt ungefähr 3 cm gegenüber 5 cm bei gesunden Neugeborenen (VIRCHOW, 1857).

Die stark verschmälerte Fuge zwischen der Pars supra- und der exoccipitalis – die Synchondrosis intraoccipitalis posterior – ist nur noch im medialen Abschnitt zu erkennen. Nach lateral reicht der Rand der Pars supraoccipitalis bis in unmittelbare Nähe der Pars petrosa des Os temporale (Abb. 41 i, 42 f, 45). Die Fuge zwischen der Pars exoccipitalis des Os occipitale und der Pars petrosa ist ebenfalls nur noch sehr schmal. Die Pyramiden bilden jeweils nur einen Winkel von 35° zur Medianebene gegenüber 45° im Normalfall. Gleichzeitig sind die Pyramiden stärker nach lateral unten geneigt. Die Synchondrosis intraoccipitalis anterior – zwischen der Pars exoccipitalis und der Pars basioccipitalis – läßt sich röntgenologisch nicht eindeutig beurteilen. Das Foramen occipitale magnum ist verkürzt und verschmälert.

Schädelfernes Skelet

Mikromelie. Verkürzung der Wirbelkörper. Verbreiterung des Zwischenwirbelabstandes, Verkürzung des Darmbeins (Abb. 39, 40, 41, 43).

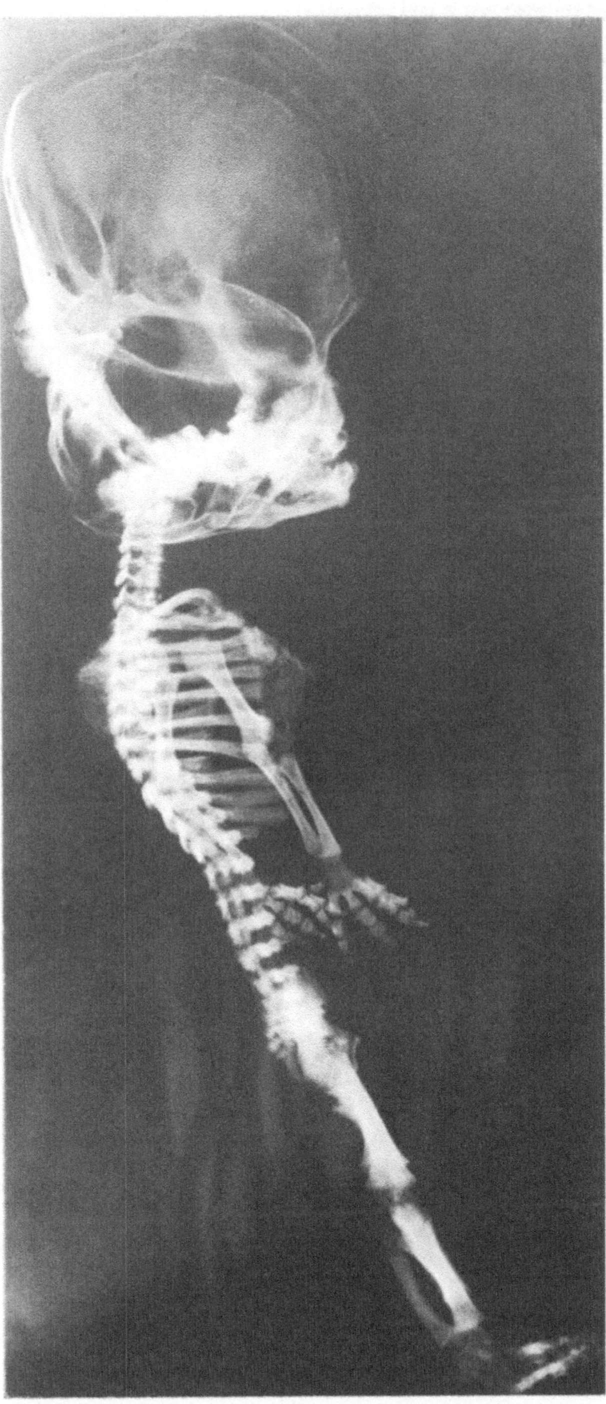

Abb. 44. Verbreiterung des Zwischenwirbelabstandes in der Lendenwirbelsäule

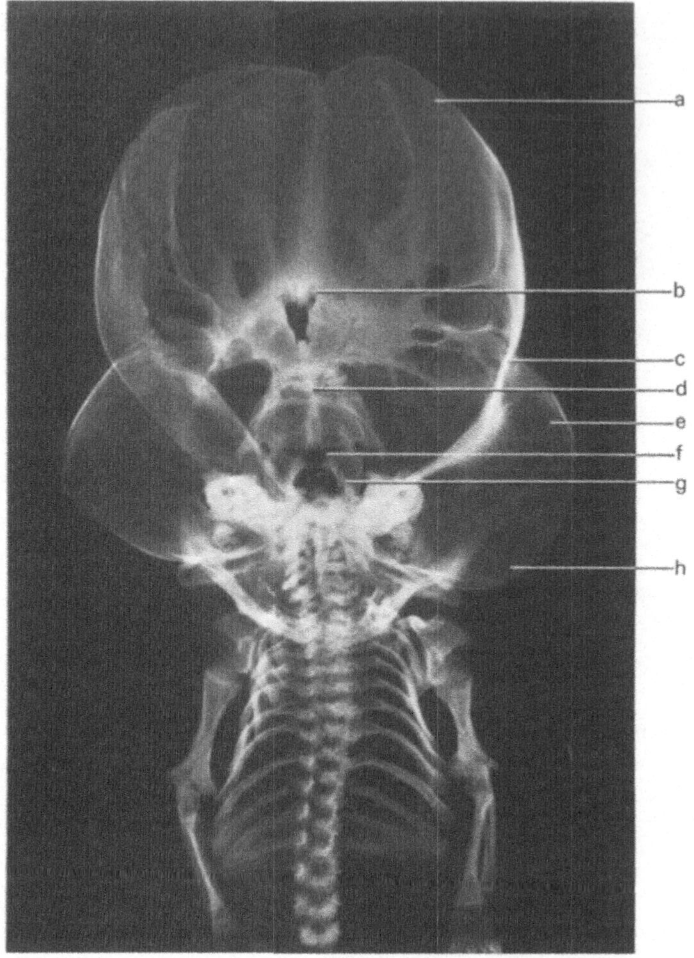

Abb. 45

(a) Oberer Rand der lateralen oberen Kalotte
(b) oberer Rand der Hinterhauptsverbildung, ausgesprochener Poren- bzw. Gefäßreichtum
(c) Crista orbito-parieto-occipitalis
(d) Pars interparietalis der verkürzten Squama occipitalis
(e) dünne Knochenlamelle unterhalb der Crista orbito-parieto-occipitalis
(f) hochgradig verschmälerte Synchondrosis intraoccipitalis posterior
(g) Pars exoccipitalis des Os occipitale
(h) lateraler Boden der mittleren Schädelgrube (lateraler Anteil der Alae majoris ossis sphenoidalis und Squama temporalis)

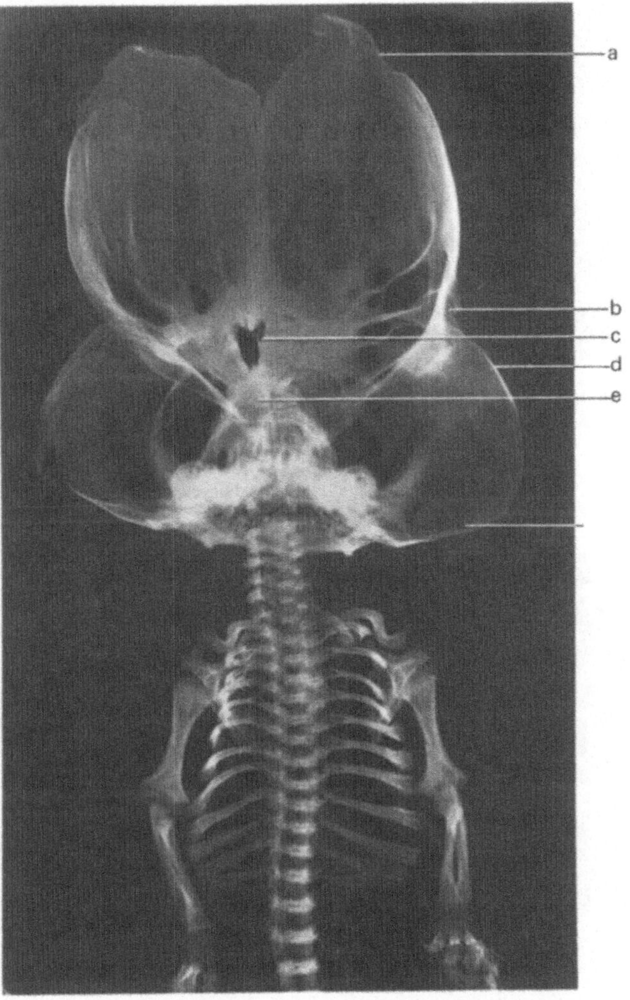

Abb. 46

(a) Oberer Rand der lateralen oberen Kalotte
(b) Crista orbito-parieto-occipitalis (= innere Knochenringleiste)
(c) ausgesprochen poren- bzw. gefäßreicher Rand der Hinterhauptsverbildung
(d) dünne Knochenlamelle unterhalb der Crista orbito-parieto-occipitalis
(e) Pars interparietalis der verkürzten Squama occipitalis
(f) lateraler Boden der mittleren Schädelgrube (lateraler Anteil der Alae majoris ossis sphenoidalis, Squama temporalis)

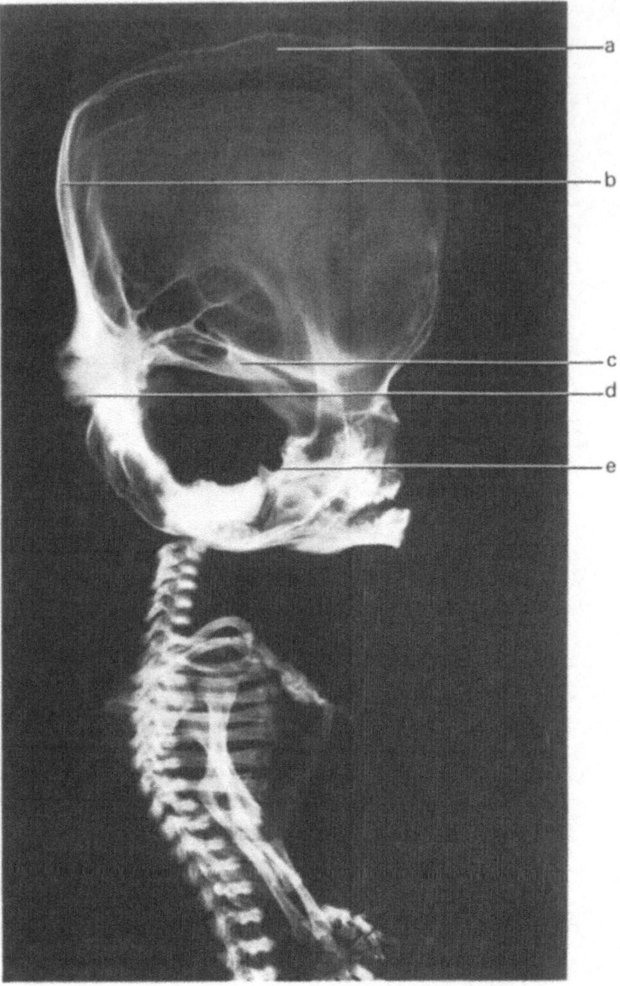

Abb. 47

(a) Oberer Rand der lateralen oberen Kalotte
(b) hintere obere Kalotte
(c) Crista orbito-parieto-occipitalis
(d) Hinterhauptsverbildung
(e) Dorsum sellae occipital von dem Pfeilende die Synchondrosis spheno-occipitalis.

Wichtigste Merkmale des Innsbrucker Falles (M 25)

Tod wahrscheinlich in der Perinatal-Phase

Kleeblattform +
Crista orbito-parieto-occipitalis +
schaufelartige, laterale, obere Kalotte
  bis in die Stirnmitte reichend +
  nur bis in die laterale Stirnregion reichend –
strahlenähnliche Verzweigung der Knochenbälkchen auf der Außenseite der lateralen oberen Kalotte +
dünnes, rudimentäres Os bifrontale in Stirnmitte –
dünne, nach außen gekrümmte Lamelle unterhalb der Crista orbito-parieto-occipitalis +
längsovale Hinterhauptsverbildung in der Medianebene +
knochenfreies Zentrum in dieser Hinterhauptsverbildung +
exzessiver Gefäßreichtum im Bereich der Hinterhauptsverbildung +
Verkürzung der hinteren Schädelgrube +
Verkürzung der mittleren Schädelgrube +
Verkürzung der vorderen Schädelgrube (+)
Verkleinerung und Verschmälerung des Foramen occipitale magnum +
Verengung der Synchondrosis intersphenoidalis +
Verengung der Synchondrosis spheno-occipitalis +
Verengung der Synchondrosis intraoccipitalis anterior (?)
Verengung der Synchondrosis intraoccipitalis posterior +
Verkleinerung der Pars exoccipitalis des Os occipitale +
verstärkte Neigung der Pyramiden nach caudal +
Verkleinerung des Winkels zwischen Pyramiden und Medianebene +
Verkürzung der Pars supraoccipitalis +
Verkürzung der Pars interparietalis +
Zwergwuchs +

---

4. Erlangen

Der älteste uns heute bekannte Fall wurde 1800 in *Erlangen* von LOSCHGE aus dem dortigen „Anatomischen Theater“ beschrieben. Es handelte sich um ein Mädchen, das 1788 im Alter von 38 Tagen starb und 1795 erstmals von LOSCHGE erwähnt worden war.

Eine ausführliche Beschreibung folgte 1800 (Abb. 48). LOSCHGE führte hier noch „Ankylosen des Oberarms mit dem Vorderarm und zwar mit der Speiche sowohl als mit dem Ellenbogenbeine“ sowie Anomalien des Zungenbeins an.

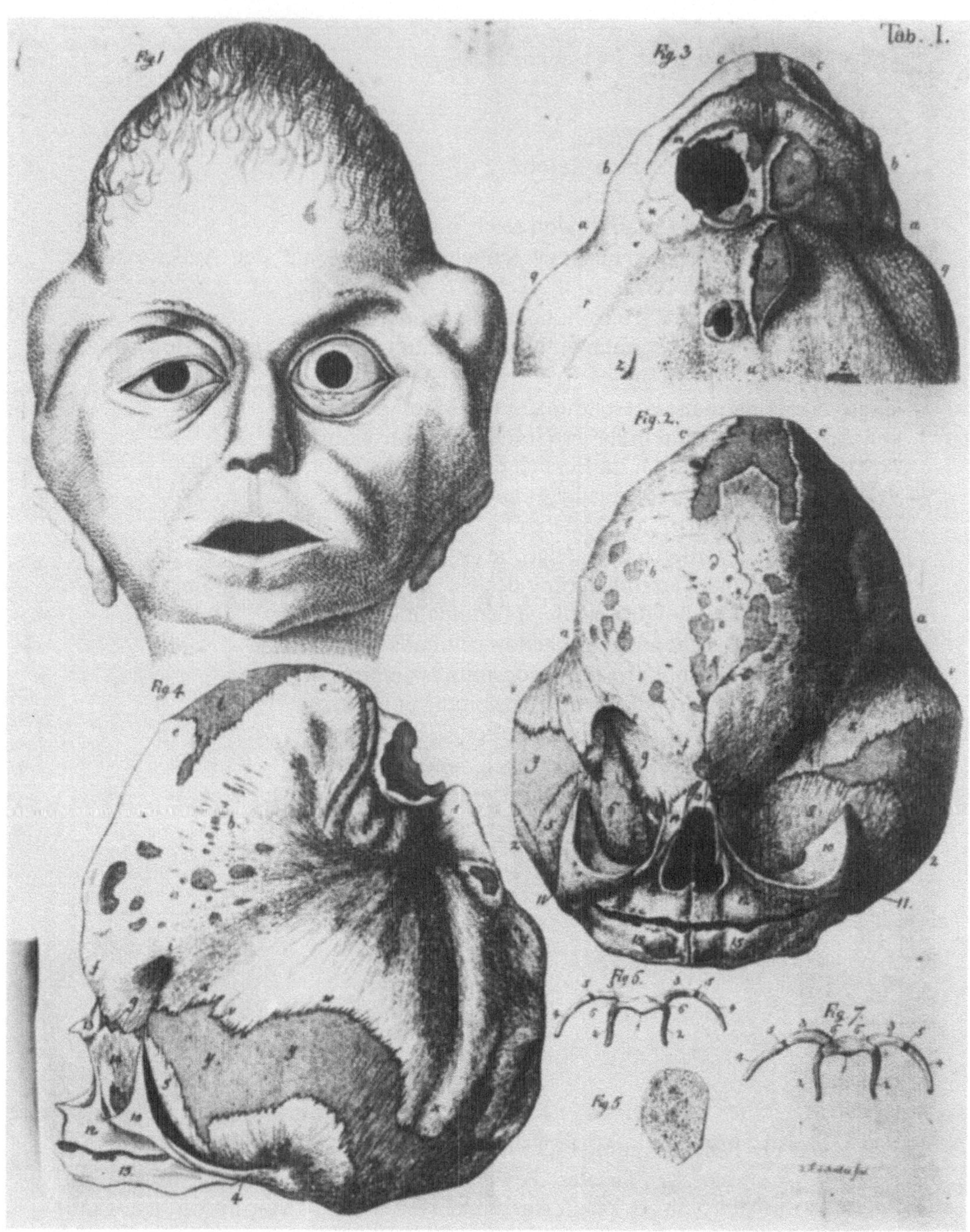

Abb. 48. Zeichnungen aus der Arbeit von LOSCHGE 1800 mit der damaligen Abbildungslegende

◁ *Erklärung der ersten Kupfertafel*

Fig. 1. Der noch mit den weichen Theilen bekleidete Kopf, von vorn betrachtet

Fig. 2. Der Knochenkopf von vorn betrachtet

a.a. Die Einziehung, wodurch der Schädel in zwey Hälften geteilt wird
b.b. Die durchlöcherten Stirntheile der Stirnbeine
c.c. Ihre obern Winkel
d. das mittlere, die beyden Stirnbeine verbindende Stück
e. seine breitere obere Zacke
f.f. die Nasentheile der Stirnbeine
g.g. Die innern Blätter der Augenhölentheile der Stirnbeine
h.h. Die äusseren Blätter derselben
i.i. Die Ausschnitte der am obern Ende der Augenhöhle, welche noch von den obern Augenhölenrändern übrig sind. Unter und hinter ihnen die Thränengrube, von welcher sich im Hintergrunde eine schräge Rinne herabsenkt
k.k. Die ausgebogene plana semicurcularis
l. Die nach vorn breite und gespaltene Stirn-Fontanelle
v.v. Die vorderen unteren Winkel der Scheitelbeine
y.y. Die großsen häutigen Abstände in den bauchig ausgedehnten Schläfen
2.2. Die Schuppentheile der Schläfebeine
5.6. Die vordere, breite, convexe Schuppe der mittleren grossen Flügels des Keilbeins, 5. ihre Schläfefläche, ihre Augenhölenfläche
7.7. Die obern kleinen Flügel des Keilbeins mit den Sehlöchern
8.8. Die oberen Augenhölenspalten
9.9. Die unteren Augenhölenspalten
10.10. Die Jochbeine
11.11. Die Jochgruben
12.12. Die Oberkieferbeine
13.13. Die Nasenbeinchen, unter ihnen die birnförmige Nasenöffnung mit den hervorblickenden mittleren und unteren Nasenmuscheln und der Nasenscheidewand
14.14. Die Thränenbeinchen
15.15. Die Unterkieferbeine

Die eigene, z. T. abweichende Beschreibung zu Fig. 2

a.a. Crista orbito-parieto-occipitalis
b.b. der Kalotte
c.c. oberer Rand der lateralen, oberen Kalotte
d.d. Orbitadach (Os frontale)
h.h. laterale Orbitawand Ala minor ossis sphenoidalis
i.i. vorderster Rand der Crista orbito-parieto-occipitalis
v.v. dünne Lamelle unterhalb der Crista orbito-parieto-occipitalis

---

Fig. 3. Die obere Hälfte des Schädels von hinten betrachtet, *a,b,c,* wie in Fig. 2

l. Das hintere schmale Ende der Stirnfontanelle, die hier mit zwey Schenkeln seitwärts in die Kranznaht übergeht
m.m. Die über der Einziehung, aufrecht stehenden obern Stücke der Scheitelbeine
n. Die linke, großse, rundliche Zelle. Da der häutige Boden weggenommen ist, so sieht man ihre engere und ungleiche Öffnung in die Schädelhöle
o. Die rechte rundliche Zelle, mit einem Zwickelbeinchen in ihrem häutigen Boden
** Kleinere, ganz knöcherne Zellchen
p.p. Die vordern obern Winkel der Scheitelbeine
q.q. Die, unter der Einziehung, abhängigen untern Stücke der Scheitelbeine
r.r. Flache Rinnen, die über sie zum untern Winkel herablaufen →

Abb. 48 *(Fortsetzung)*

Fig. 3

s.s. Die längliche große Zelle, mitten zwischen beyden Scheitelbeinen
t. Eine kleinere Zelle, in welcher man wieder die innere engere Öffnung sehen kann
u. Stelle wo die obern hintern Winkel der Scheitelbeine so wohl unter sich als mit dem obern Winkel des Hinterhauptsbeins zusammengeflossen sind
z. Ein Stück von der anfangenden Winkelnath

Die eigene, z. T. abweichende Beschreibung zu Fig. 3

m.m. Hintere, obere Kalotte
p.p. oberer Abschnitt der hinteren, oberen Kalotte
q.q. dünne Lamelle unterhalb der Crista orbito-parieto-occipitalis
r.r. schmale Spaltenbildungen innerhalb dieser Lamelle
u. Grenzgebiet zwischen der Pars interparietalis des Os occipitale und dem noch weiter oben gelegenen Kalottenabschnitt
z. oberer Abschnitt der Sutura lambdoidea
J. längsovale Defektbildung im Hinterhaupt

Fig. 4. Der Knochenkopf von der linken Seite
a,b,c wie in Fig. 2 und 3. *d,e,f.g.h.i.j.k.l.* wie in Fig. 3

v. Der untere vordere Winkel des linken Scheitelbeins
w. Sein Schuppenrand
x. Sein unterer hinterer Winkel
y.y.y. der großse häutige Seitenabstand
z. Sein häutiger Uebergang in die anfangende Winkelnath
1.1. Das Hinterhauptsbein
2. Die Schuppe des linken Schläfebeins
3. Sein Warzenstück
4. Sein Jochfortsatz und dessen Verbindung mit
5. dem Jochbeine
10.11.12.13.14.15. wie in Fig. 2

Fig. 5. Ein Stückchen vom obern Theile des Scheitelbeins, als Probe von seinem Knochengewebe

Fig. 6. Das Zungenbein von der Vorderseite

Fig. 7. Das Zungenbein von der Hinterseite

Lambl beschrieb 1860 in *Prag* den Schädel eines Kindes, der ihm von Dittrich übergeben wurde. Nach Lambl wurde dieser Schädel von Fleischmann in einer anatomischen Sammlung in *Erlangen* „ohne historische Notiz" aufbewahrt. Ein Hinweis auf Loschge fehlt. Nach der Beschreibung und den Bildern muß es sich jedoch um den Fall von Loschge handeln. Der Schädel dieses Kindes befindet sich heute im Pathologischen Institut der Universität Erlangen-Nürnberg.

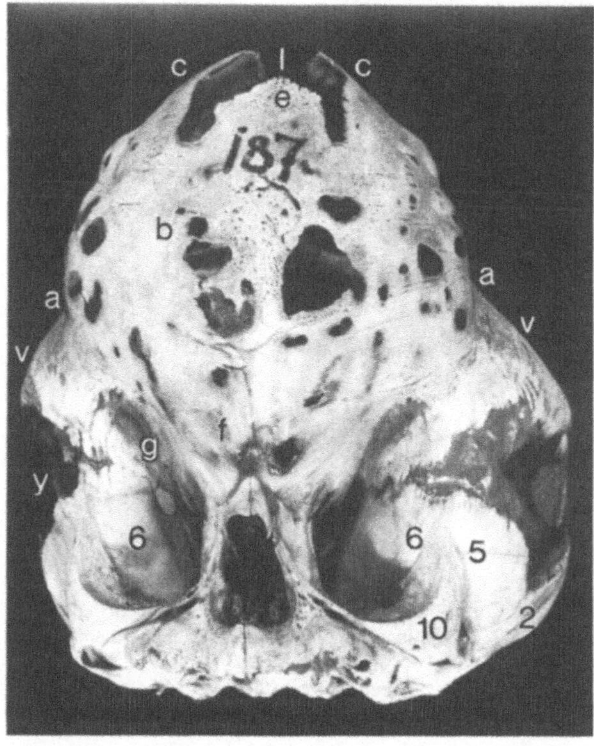

Abb. 49. *Eigene Beschreibung*

(a) Crista orbito-parieto-occipitalis
(b) Stirnregion
(c) Oberer Rand der lateralen Kalotte
(e) oberer Abschnitt der Stirnregion
(f) untere Stirnregion
(g) Orbitadach (Anteil des Os frontale)
(l) Bereich der großen Fontanelle
(v) dünne Lamelle unterhalb der Crista orbito-parieto-occipitalis
(y) knochenfreier Bezirk der lateralen Wand der mittleren Schädelgrube
(2) Schläfenbeinschuppe
(5) laterale vordere Wand der mittleren Schädelgrube (großer Keilbeinflügel)
(6) laterale Orbitawand (großer Keilbeinflügel)
(10) Jochbein

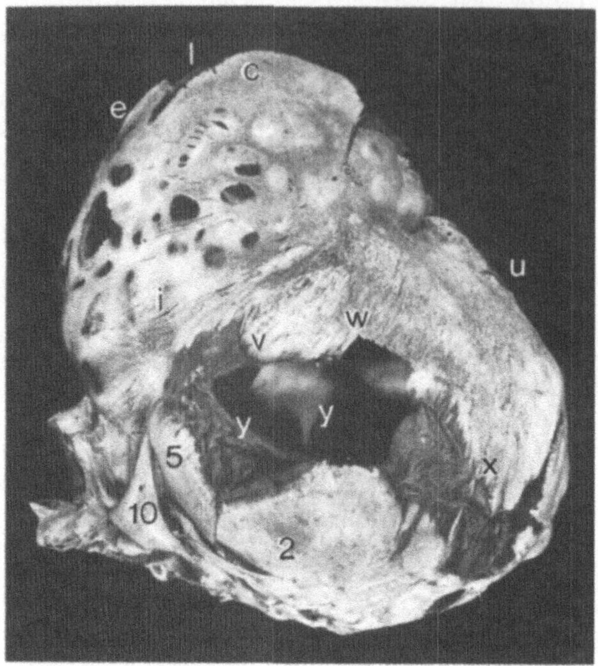

Abb. 50. *Eigene Beschreibung*

(c) Oberer Rand der lateralen Kalotte
(e) oberer Abschnitt der Stirnregion
(i) Übergangsbereich von der lateralen Orbitawand links zur linken Crista orbito-parieto-occipitalis
(l) Bereich der großen Fontanelle
(u) Grenzgebiet zwischen der Pars interparietalis des Os occipitale und dem noch weiter oben gelegenen Kalottenabschnitt
(v, w, x) dünne Lamelle unterhalb der Crista orbito-parieto-occipitalis (innere Knochenringleiste)
(y) knochenfreier Bereich oberhalb des großen Keilbeinflügels und oberhalb der Schläfenbeinschuppe
(2) Schläfenbeinschuppe
(5) laterale vordere Wand der mittleren Schädelgrube (großer Keilbeinflügel)
(10) Jochbein

Auf Grund der anatomisch korrekten Wiedergabe der Details auf den ausgezeichneten Kupfertafeln (Abb. 48) ließ sich das verschollene – als Caput hydrocephalicum bezeichnete – Präparat in der Sammlung 1974 wiederentdecken und identifizieren.

Wir finden eine Einziehung der Nasenwurzel (Abb. 48: Fig. 4; Abb. 49, 50), eine Abflachung der Augenhöhle, die in diesem Fall eine linksseitige stärkere Betonung aufweist (vgl. Abb. 48: Fig. 4). Der Abstand zwischen der Nasenwurzel und dem Hinterrand des kleinen Keilbeinflügels beträgt 2,4 cm. Die Crista orbito-parieto-occipitalis (Abb. 48: Fig. 2, 3, 4; Abb. 49a, 50, 51a, 56c, 57b, 59c) zieht leicht nach occipital ansteigend hufeisenförmig um die laterale, obere und hintere Kalotte. In der Stirnmitte läßt sich kein isolierter dünner Knochen nachweisen (Abb. 48: Fig. 2; Abb. 49). Dagegen ragen die Knochen der lateralen,

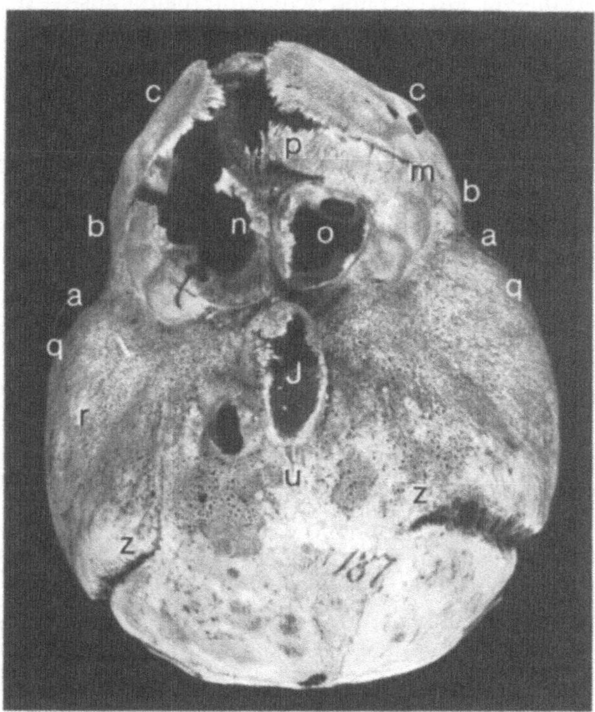

Abb. 51. *Eigene Beschreibung*

(a) Crista orbito-parieto-occipitalis
(b) laterale obere Kalotte
(c) Oberer Abschnitt der lateralen oberen Kalotte
(J) längsovale Defektbildung im Hinterhaupt, ebenfalls stark gezähnelter Randwall
(m) hintere obere Kalotte
(n) größerer links gelegener Defekt in der hinteren oberen Kalotte
(o) rundlicher knochenfreier Bezirk in der hinteren oberen Kalotte, stark gezähnelter Randwall
(p) oberster Abschnitt der hinteren oberen Kalotte
(q) dünne Knochenlamelle unterhalb der Crista orbito-parieto-occipitalis
(r) dünne Knochenlamelle unterhalb der Crista orbito-parieto-occipitalis
(u) Grenzbereich zwischen der Pars interparietalis des Os occipitale und den unteren Defektbildungen im Hinterhaupt
(z) Beginn der Sutura lambdoidea

oberen Kalotte bis weit in die Stirn (Abb. 48: Fig. 2, 4; Abb. 49, 50), wo sie in der unteren Mittellinie nur durch einen schmalen Spalt voneinander getrennt werden. Oberhalb dieses Spaltes werden beide Kalottenhälften durch ein stark perforiertes Knochenfeld, in dem sich mehrere größere Lücken identifizieren lassen, miteinander verbunden (Abb. 48: Fig. 2d, e, 4e; Abb. 49e). In der Region der großen Fontanelle dehnt sich eine große breite Lücke zwischen dem weit nach vorn vergrößerten steilen Anteil der lateralen Kalotte (Abb. 48: Fig. 2c, 4c; Abb. 49c, 50c) sowie der großen porösen Knochenverbindung in der oberen

Stirn (Abb. 48: Fig. 2e, 4e; Abb. 49e, 50e, 51) und dem Hinterhaupt aus, – der Arcus zygomaticus fällt hier schräg nach caudo-occipital ab (Abb. 48: Fig. 2, 4; Abb. 49, 50 jeweils Punkt 10). Auf der Außenfläche der lateralen oberen, teilweise perforierten Kalotte verzweigen sich die Knochenbälkchen strahlenförmig von einem porösen, ungefähr pfenniggroßen Knochenfeld aus (Abb. 48: Fig. 4; Abb. 50). Loschge (1800) (S. 322) betonte ausdrücklich „das Strahlige oder Faserige", „besonders an den Rändern", und wies auf eine mögliche Beziehung zu den Gefäßen hin. Unterhalb der Crista orbito-parieto-occipitalis wölbt sich eine dünne Knochenlamelle nach außen (Abb. 48: Fig. 2, 4vwx; Abb. 49v, 50vwx, 51q, 56d, 57c). Zwischen der lateralen, oberen und hinteren, oberen Kalotte zieht ein schmaler schräg verlaufender Spalt eine kurze Strecke schräg nach vorn (Abb. 48: Fig. 3b, 4b; Abb. 50). Dieser Spalt ist rechts stärker als links ausgeprägt. Innerhalb der hinteren oberen Kalotte befinden sich neben der Medianlinie zwei Ausstülpungen mit einem Randwall (vgl. Abb. 48: Fig. 3n, o, 4; Abb. 51n, o). In dem Knochenabschnitt unmittelbar unter diesen Defektbildungen vereinigen sich in einem ungefähr zierstecknadelkopfgroßen Gebiet Anteile der rechten und der linken Crista orbito-parieto-occipitalis. Darunter liegt ein ovaler, nur in der unteren Hälfte von einer dünnen, pergamentähnlichen Membran bedeckter knochenfreier Bezirk (Abb. 48: Fig. 3, J; Abb. 51J, 56 unter dem Pfeilende von b). Links lateral neben dem linken Randwall dieses ovalen Defektes dehnt sich ein kleiner halbpfenniggroßer Knochendefekt aus (Abb. 48: Fig. 3;

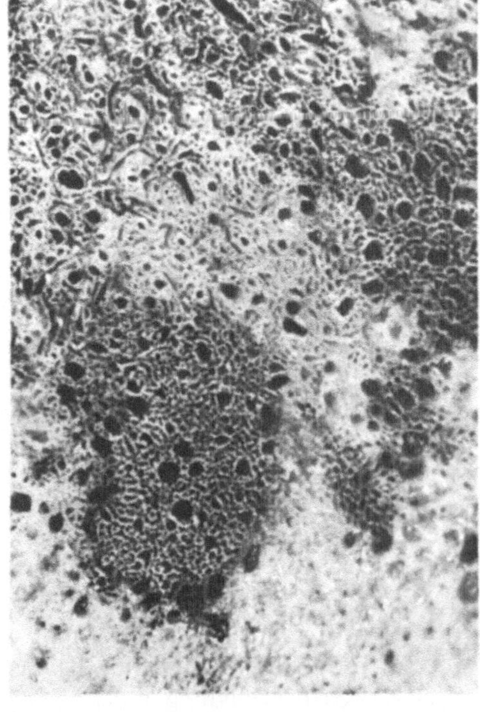

Abb. 52. Starker Reichtum an Gefäßkanälen

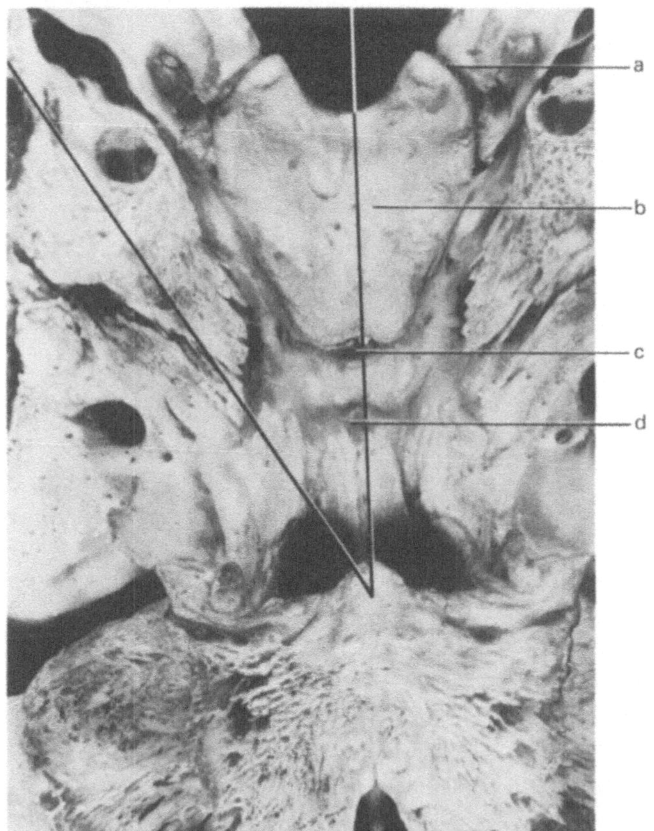

Abb. 53

(a) Synchondrosis intraoccipitalis anterior
(b) Pars basioccipitalis
(c) Synchondrosis sphenooccipitalis
(d) Synchondrosis intersphenoidalis

Abb. 51). Unter und teilweise neben diesen beiden zuletzt genannten Defektbildungen erstreckt sich jeweils ein poröses Knochenfeld (Abb. 48: Fig. 3u; Abb. 51u, 52). Die Pars interparietalis des Os occipitalis wird nach lateral oben durch einen breiten Spalt – die Sutura lambdoidea – abgegrenzt (Abb. 48: Fig. 3z; Abb. 59e). Ein trennender Spalt zwischen dem oberen Rand der Pars interparietalis und der Defektbildung fehlt. Die gesamte Hinterhauptsschuppe ist steiler als im Normalfall gestellt (vgl. LOSCHGE; vgl. auch Abb. 55a). Sowohl die desmal entstandene Pars interparietalis als auch die enchondral entstandene Pars supraoccipitalis des Os occipitale weisen eine normale, altersentsprechende Länge auf; der Winkel zwischen Pars inter- und Pars supraoccipitalis ist stark abgeflacht.

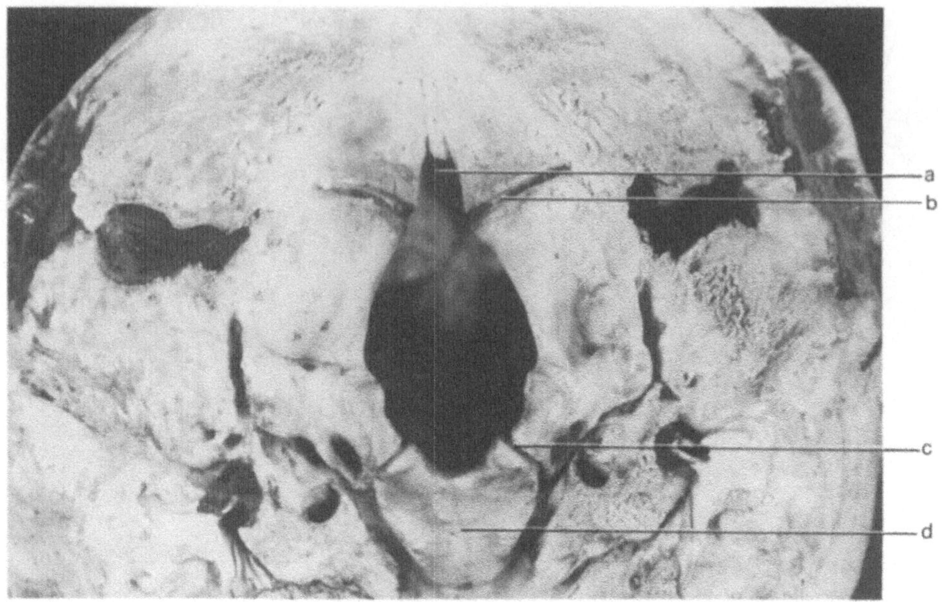

Abb. 54

(a) Mediane Incisur innerhalb der Pars supraoccipitalis
(b) Verschmälerung der Synchondrosis intraoccipitalis posterior mit vorzeitiger Ossifikation im lateralen Abschnitt
(c) Synchondrosis intraoccipitalis anterior
(d) Pars basioccipitalis des Os occipitale. Lateral davon verengtes Foramen jugulare

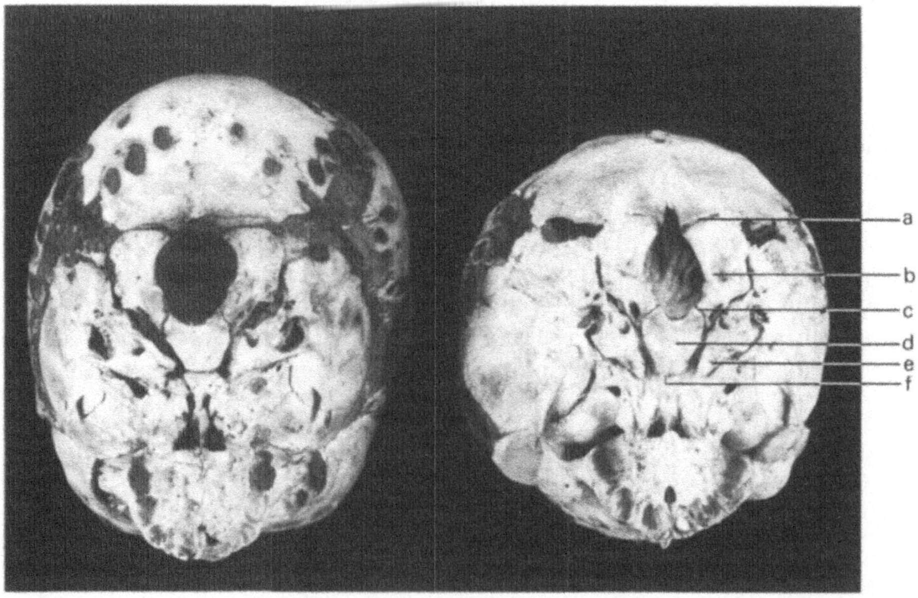

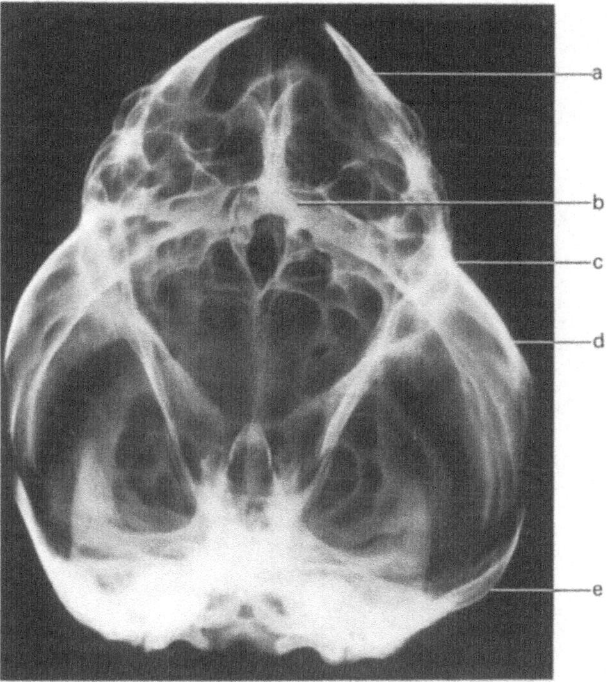

Abb. 56

(a) Laterale obere Kalotte
(b) Vereinigungstelle der Crista orbito-parieto-occipitalis
(c) lateraler Schenkel der Crista orbito-parieto-occipitalis
(d) dünne Knochenlamelle unterhalb der Crista orbito-parieto-occipitalis
(e) lateraler Abschnitt des Bodens der mittleren Schädelgrube (lateraler Anteil der Ala major des Os sphenoidale und der Squama temporalis)

◁ Abb. 55

(a) Verengte teilweise vorzeitig ossifizierte Synchondrosis intraoccipitalis posterior, dahinter steile Squama occipitalis
(b) Pars exoccipitalis des Os occipitale
(c) Synchondrosis intraoccipitalis anterior
(d) Pars basioccipitalis des Os occipitale
(e) Pyramidenspitze
(f) Synchondrosis spheno-occipitalis

Links: Von der Schädelbasis her normaler Vergleichsfall

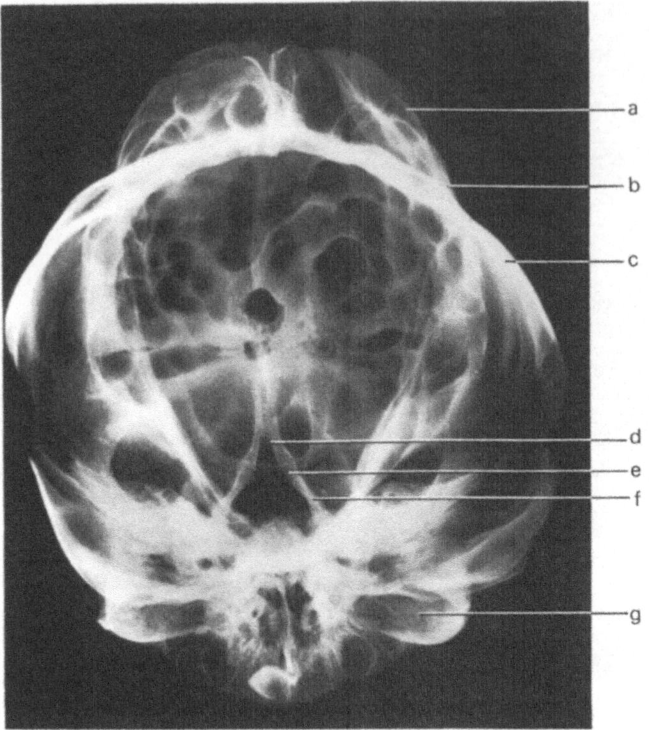

Abb. 57

(a) Laterale obere Kalotte
(b) lateraler Schenkel der Crista orbito-parieto-occipitalis
(c) dünne Knochenlamelle unterhalb des lateralen Schenkels der Crista orbito-parieto-occipitalis
(d) Verstärkung innerhalb der unteren Pars supraoccipitalis des Os occipitale (Verlängerung eines Verstärkungszuges von der Pars exoccipitalis)
(e) verschmälerte teilweise verknöcherte Synchondrosis intraoccipitalis posterior
(f) Pars exoccipitalis des Os occipitale
(g) Orbita

Mittlere Schädelgrube

Der laterale Abschnitt des großen Keilbeinflügels wölbt sich ebenso wie die nach caudal abgesunkene Squama temporalis weit nach außen (Abb. 48: Fig. 2, 4, Punkte 2,5; Abb. 49, Punkte 2,5; Abb. 50, Punkte 2,5; Abb. 56e). Der stark verkleinerte 0,6 cm × 0,4 cm große Annulus tympanicus – gegenüber 0,9 cm × 1 cm im Normalfall – ist entsprechend dem steil nach lateral-caudal abfallenden Felsenbein ebenfalls nach caudal verlagert. Auf die Verkleinerung der äußeren Ohröffnung und die Verlagerung nach caudal wies auch LOSCHGE (1800) hin. LOSCHGE (1800) bezeichnete die Gehörknöchelchen als klein und gestaucht (S. 372 und 328).

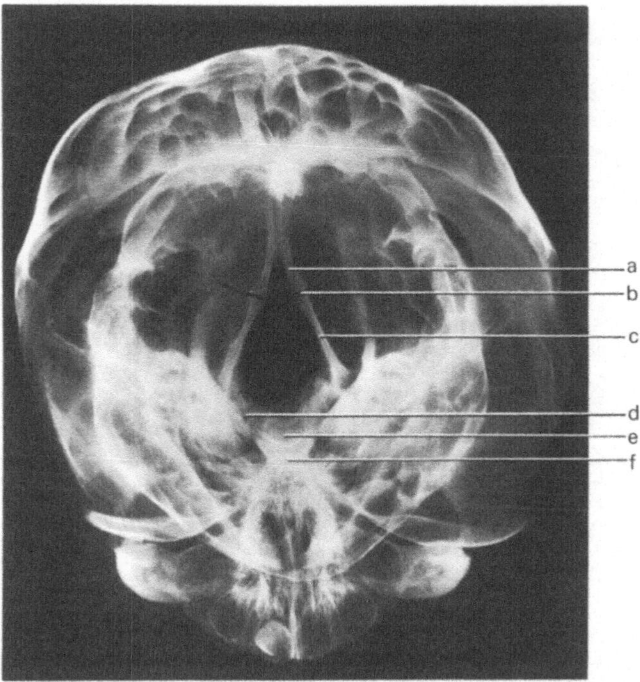

Abb. 58

(a) Verstärkung innerhalb der Pars supraoccipitalis (Verlängerung von der Pars exoccipitalis)
(b) Verschmälerung des medialen Abschnittes der Synchondrosis intraoccipitalis posterior. Verknöcherung im lateralen Abschnitt. Verminderung des Knochenwachstums
(c) lateraler Rand des Foramen occipitale magnum. Verstärkung innerhalb der Pars exoccipitalis des Os occipitale
(d) Synchondrosis intraoccipitalis anterior
(e) Pars basioccipitalis (verschmälerte Synchondrosis spheno-occipitalis nicht erkennbar)
(f) hinteres Keilbein

Der Abstand zwischen dem Hinterrand des kleinen Keilbeinflügels und dem Hinterhaupt ist mit 6,5 cm in bezug auf die Längsachse in Höhe der Nasenwurzel gegenüber gleichaltrigen gleichgroßen Kindern zumindest relativ verkleinert. Die stark verschmälerte bogenförmig gekrümmte Fuge zwischen Basis- und Praesphenoid (Intersphenoidalfuge) läßt sich röntgenologisch weder im seitlichen noch im durchfallenden Strahlengang erkennen (Abb. 53d, vgl. auch Abb. 59).

Hintere Schädelgrube

Die Pars basioccipitalis unterlappt das hintere Keilbein. Die Röntgendarstellung der stark verschmälerten Synchondrosis spheno-occipitalis gelingt vorwiegend im

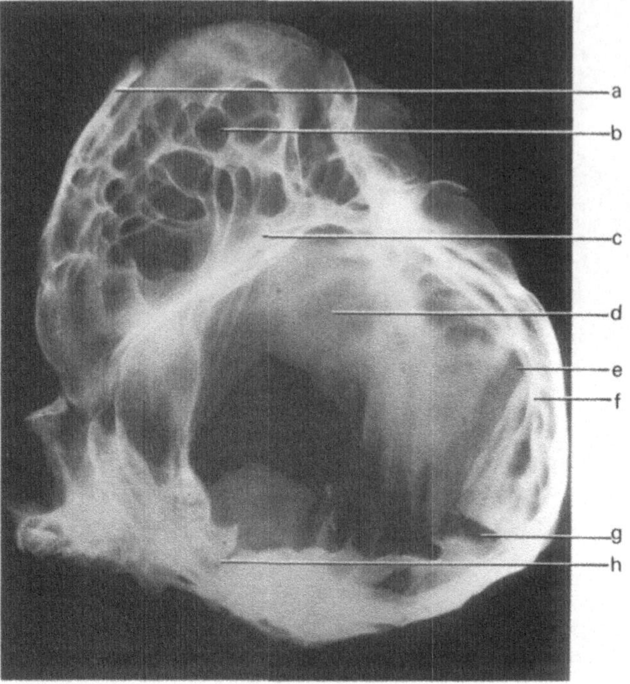

Abb. 59

(a) Schmale vom Stirngebiet aus in den Bereich der großen Fontanelle reichende dünne Knochenlamelle
(b) laterale obere Kalotte
(c) Crista orbito-parieto-occipitalis
(d) dünne Knochenlamelle unterhalb der Crista orbito-parieto-occipitalis
(e) Sutura lambdoidea
(f) Pars interparietalis des Os occipitale
(g) Incisura lateralis
(h) Synchondrosis spheno-occipitalis

seitlichen Strahlengang (Abb. 53c, 55f, 58e, 59h). Die präparativen – aktiven – Wachstumszonen sind im Vergleich zum Normalfall mangelhaft ausgebildet. Die Pars exoccipitalis des Os occipitale weist in ihrem hinteren medianen Abschnitt am Rand des Foramen occipitale magnum eine leistenartige Verdickung auf, die sich nach hinten zeltdachähnlich in die Pars supraoccipitalis des Os occipitale verlängert (Abb. 57d, f, 58a, c). Parallel mit der Verschmälerung der Fuge und der mangelhaften enchondralen Ossifikation sowie der relativen Verschmälerung des Foramen occipitale magnum (Querdurchmesser 1,5 cm, normal ca. 2 cm) geht die zumindest relative Verkürzung des Abstandes zwischen dem Hinterrand der Sella turcica und der hinteren Kalotte auf 5 cm. Die Fuge von der Nasenwurzel bis zur Synchondrosis spheno-occipitalis beträgt 4,2 cm gegenüber 5 cm im Normalfall bei gesunden Neugeborenen (Virchow, 1857); der Abstand von der Nasenwurzel zum Vorderrand des Foramen occipitale magnum erreicht 5,8 cm gegenüber

6,2 cm–6,4 cm im Normalfall (VIRCHOW, 1857). Der steil gestellte Clivus (Vorderrand des Foramen occipitale magnum bis zur Synchondrosis spheno-occipitalis) ist 1,4 cm lang. Die Fuge zwischen Pars exoccipitalis und der Pars basioccipitalis – Synchondrosis intraoccipitalis anterior – erreicht ebenfalls nicht ganz den Normalwert (Abb. 53a, 54c, 55c, 58d). Die stark verschmälerte Fuge zwischen der Pars ex- und der Pars supraoccipitalis – Synchondrosis intraoccipitalis posterior – läßt sich nur im medialen Abschnitt eindeutig erkennen (Abb. 54b, 55a, 57e, 58b). Das enchondrale Wachstum ist hier vermindert. – Beide Pyramiden bilden mit der Medianebene einen Winkel von 35°, im Gegensatz zu 45° im Normalfall (Abb. 53 und 55).

Wichtigste Merkmale des Erlanger Falles

Tod mit 37 Tagen

Kleeblattform +
Crista orbito-parieto-occipitalis +
schaufelartige, laterale obere Kalotte
  bis in die Stirnmitte reichend +
  nur bis in die laterale Stirnregion reichend
strahlenähnliche Verzweigung der Knochenbälkchen auf der Außenseite der lateralen oberen Kalotte +
dünne, nach außen gekrümmte Lamelle unterhalb der Crista orbito-parieto-occipitalis +
längsovale Hinterhauptsverbildung in der Medianebene +
knochenfreies Zentrum in dieser Hinterhauptsverbildung +
exzessiver Reichtum an Gefäßkanälen im Bereich der Hinterhauptsverbildung +
Verkürzung der hinteren Schädelgrube +
Verkürzung der mittleren Schädelgrube +
Verkürzung der vorderen Schädelgrube (+)
hochgradige Verschmälerung des Foramen occipitale magnum +
Verkürzung des Foramen occipitale magnum –
Verengung der Synchondrosis intersphenoidalis +
Verengung der Synchondrosis spheno-occipitalis +
Verengung der Synchondrosis intraoccipitalis anterior +
Verengung der Synchondrosis intraoccipitalis posterior +
Verkleinerung der Pars exoccipitalis des Os occipitale
Verstärkte Neigung der Pyramiden nach caudal +
Verkleinerung des Winkels zwischen Pyramiden und Medianebene +
Squama occipitalis von altersentsprechender Länge
relative Steilstellung der Squama occipitalis
Ankylosen der Ellenbogengelenke
Zungenbeinanomalien

---

5. *Prag*

Einen weiteren Schädel fanden wir in der Anthropologischen Abteilung des National-Museums in *Prag*. Das Präparat (2230), das vermutlich aus dem vorigen Jahrhundert stammt, ist im Bereich der Hinterhauptsverbildung nur teilweise erhalten. Angaben über die Größe des fehlenden schädelfernen Skelets und das Lebensalter sind nicht erhältlich.

Die Nasenwurzel weist eine tiefe Einziehung auf, die Orbitawände sind stark nach vorn gekrümmt. In der Stirnmitte wölbt sich ein großer, flacher, dünner Knochen (Abb. 60c, 61c) nach vorn. Die Knochenbälkchen verzweigen sich strahlenförmig von dem Punkt maximaler Krümmung. Der untere Rand dieses großen flachen Knochens reicht bis in die Nähe der Nasenwurzel (Abb. 60).

Die Crista orbito-parieto-occipitalis zieht hufeisenförmig um die laterale und hintere Kalotte (Abb. 60d, 61f). Der große steile Knochen in der lateralen oberen Kalotte ragt in die laterale Stirnregion (Abb. 60b).

In der Region der großen Fontanelle erstreckt sich eine weite knochenfreie Zone zwischen dem vorderen Rand des großen flachen, in der Stirnmitte gelegenen

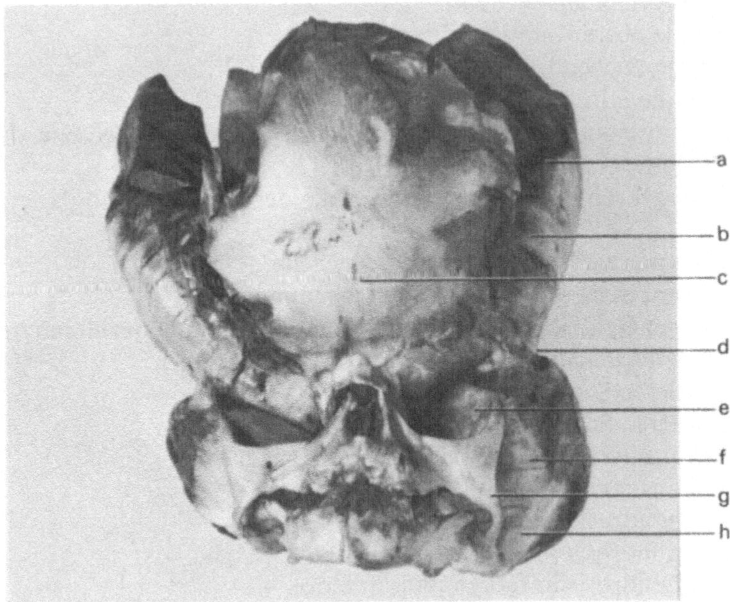

Abb. 60. *Prager* Fall

(a) Oberer Rand der lateralen knöchernen Kalotte
(b) Grenze zwischen der lateralen oberen Kalotte und dem Os bifrontale
(c) Os bifrontale
(d) Crista orbito-parieto-occipitalis
(e) Facies orbitalis der Ala major des Os sphenoidale
(f) lateraler Abschnitt der Alae majoris ossis sphenoidalis
(g) Os zygomaticum
(h) Squama temporalis

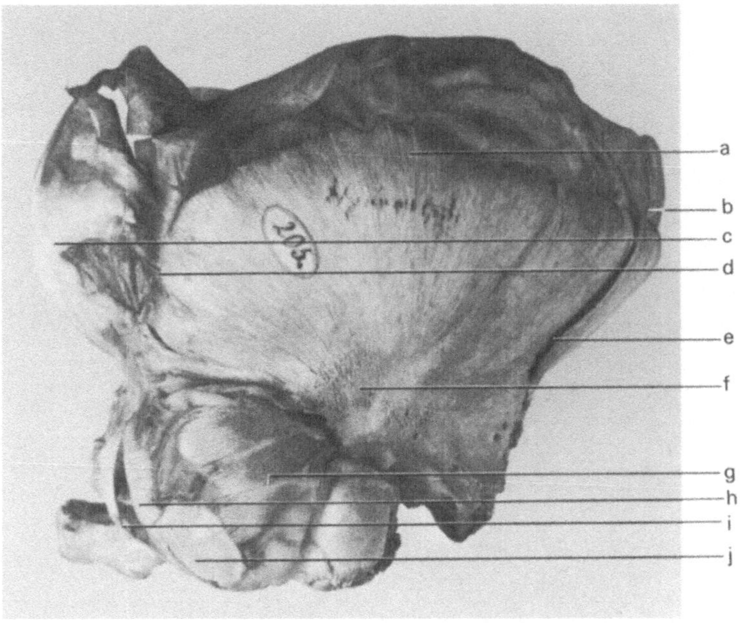

Abb. 61

(a) Oberer Rand der lateralen knöchernen oberen Kalotte
(b) oberster – nicht mehr knöcherner – Anteil der hinteren oberen Kalotte
(c) Os bifrontale
(d) vorderer Rand der lateralen oberen Kalotte
(e) Grenze zwischen lateraler oberer und hinterer oberer Kalotte
(f) Mitte des lateralen Schenkels der Crista orbito-parieto-occipitalis
(g) dünne Lamelle unterhalb der Crista orbito-parieto-occipitalis
(h) Facies lateralis ossis sphenoidalis
(i) Arcus zygomaticus
(j) Squama temporalis

Knochens (Abb. 60c, 61c) sowie dem oberen Rand der lateralen und hinteren oberen Kalotte (Abb. 60a, 61a, b, 62a, b).

Der Arcus zygomaticus (Abb. 60g, 61i) fällt schräg nach caudo-occipital ab; der Meatus acusticus externus ist nach unten verlagert (Abb. 63e). Der aufsteigende Ast der Mandibula weist eine zumindest relative Abflachung auf. Auf der Außenfläche der lateralen oberen Kalotte verzweigen sich die Knochenbälkchen strahlenförmig bis fächerähnlich von einem pfenniggroßen porösen Knochenfeld aus (Abb. 61f). Unterhalb des dorso-lateralen Schenkels der Crista orbito-parieto-occipitalis erstreckt sich eine dünne Knochenlamelle nach außen (vgl. Abb. 60, 61g, 62e), die sich nach occipital verstärkt (Abb. 62e). Die laterale obere Kalotte (Abb. 60a, 61a, 62b) geht fast kontinuierlich in die hintere obere Kalotte über (Abb. 62a). Rechts erfolgt durch eine allenfalls angedeutete Spaltbildung eine Trennung; bei der schmalen dünnen linksgelegenen Spalte handelt es sich wahrscheinlich um ein Kunstprodukt.

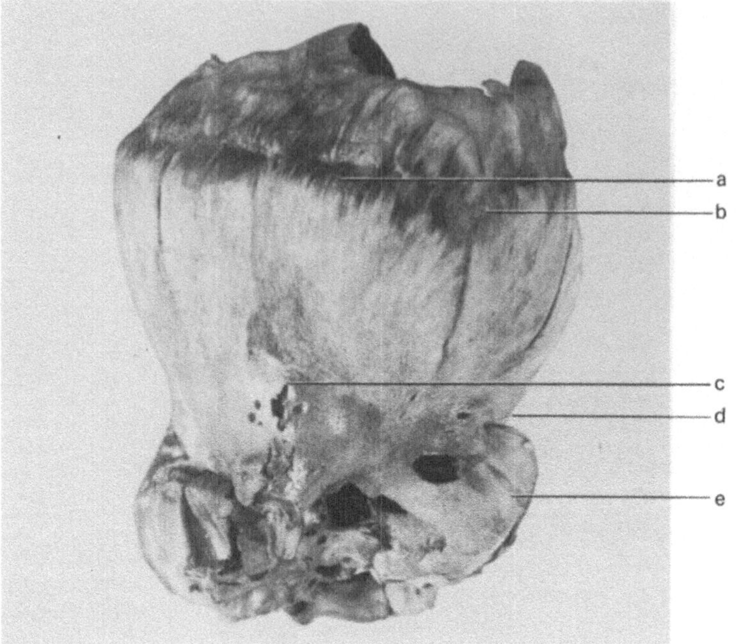

Abb. 62

(a) Oberer Rand der hinteren oberen hnöchernen Kalotte
(b) oberer Rand der lateralen oberen knöchernen Kalotte (dazwischen ein schmaler Spalt)
(c) Hinterhauptsverbildung, im Randwall zahlreiche Poren
(d) Crista orbito-parieto-occipitalis
(e) Knochenlamelle unterhalb der Crista orbito-parieto-occipitalis

Auf der Innenseite der hinteren oberen Kalotte steigen die Knochenbälkchen fast parallel von der Crista orbito-parieto-occipitalis auf. In der Mitte der hinteren Kalotte wölbt sich unterhalb des Treffpunkts der Crista orbito-parieto-occipitalis eine längsovale, trompeten- bis rüsselförmige Verbildung nach außen (Abb. 62c, 64d). Die Mitte dieser Verbildung wird in den oberen zwei Dritteln nur durch eine pergamentähnliche Membran überspannt. In dem gezähnelten Randwall und in der unmittelbaren Umgebung durchsetzen zahlreiche Poren den bimssteinähnlichen Knochen. Dieses poröse Feld dehnt sich bis in den mittleren Bereich der lateralen, oberen Kalotte, von dem sich zahlreiche Knochenbälkchen verzweigen (Abb. 61f). Nach unten wird die Hinterhauptsverbildung durch einen bogenförmigen hufeisenähnlichen Spalt von der dicken, kurzen Pars interparietalis getrennt. Dieser breite Spalt wurde möglicherweise durch postmortale Einflüsse erweitert (Abb. 63, 64d), so daß es sich zum Teil um ein Kunstprodukt handeln dürfte. Im Grenzgebiet zwischen der rechten Hälfte der kurzen Pars interparietalis und der ebenfalls verkürzten Pars supraoccipitalis befinden sich kleinere, bis halberbsgroße Porenbildungen. In der Medianlinie der Pars supraoccipitalis verläuft eine hahnenkammartige knöcherne Leiste.

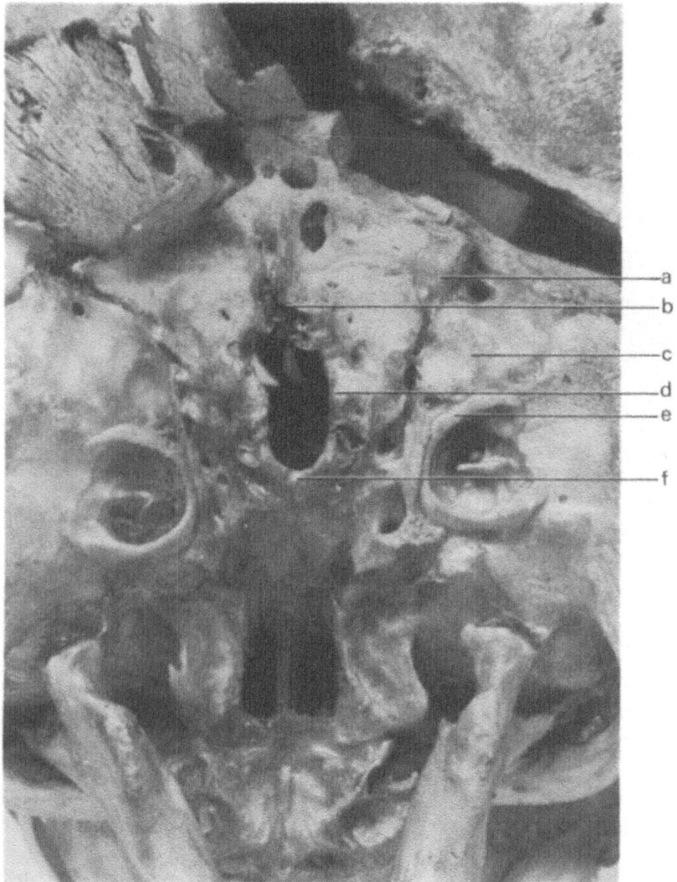

Abb. 63

(a) Grenzbereich zwischen der Pars supraoccipitalis, der Pars exoccipitalis sowie der Pars petrosa
(b) hinterer medianer Rand des Foramen occipitale magnum, – weiter rechts Andeutung der Synchondrosis intraoccipitalis posterior
(c) Pars petrosa des Os temporale. Fuge zwischen Pars petrosa und Pars exoccipitalis hochgradig verschmälert. Enges Foramen jugulare, Winkel zwischen Längsachse der Pars petrosa und Medianebene verkleinert
(d) medialer Rand der Pars exoccipitalis
(e) Annulus tympanicus
(f) Pars basioccipitalis. Hochgradige Verschmälerung der Synchondrosis intraoccipitalis anterior

Mittlere Schädelgrube

Der laterale Abschnitt des großen Keilbeinflügels (Abb. 60f, 61h) und die nach caudal abgesunkene Squama temporalis (Abb. 60h, 61j) neigen sich weit nach außen. Die Synchondrosis intersphenoidalis läßt sich wie die Synchondrosis spheno-occipitalis bei der Betrachtung von unten nicht mehr darstellen (Abb. 63,

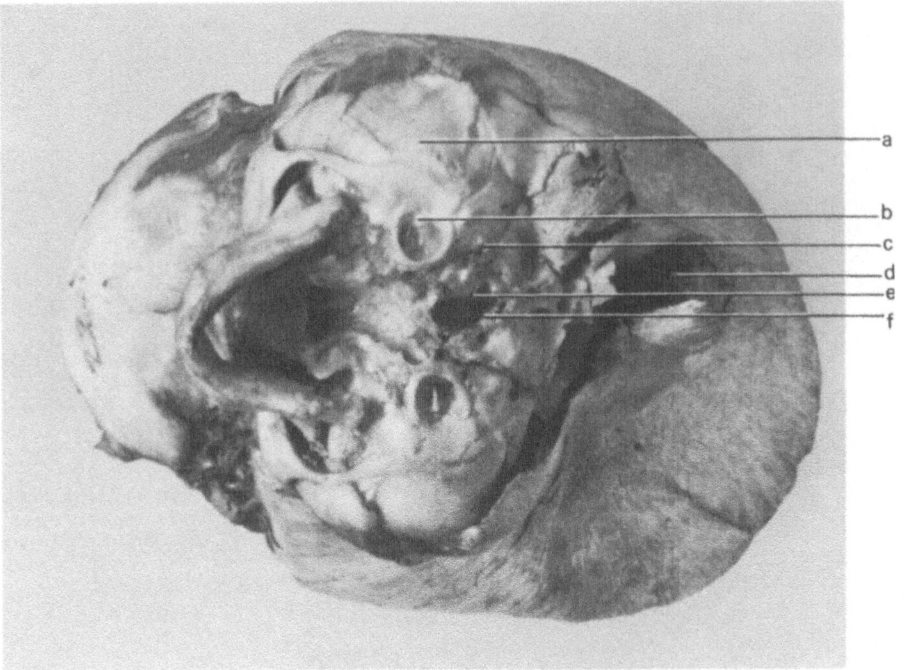

Abb. 64

(a) Squama temporalis
(b) Annulus tympanicus
(c) Pars petrosa des Os temporale. – Hochgradige Verschmälerung zwischen der Pars petrosa und der Pars exoccipitalis
(d) Hinterhauptsverbildung, nach kaudal Abtrennung durch einen insbesondere linksbetonten artifiziell verbreiterten Spalt
(e) lateraler Rand – Pars exoccipitalis – des verkleinerten Foramen occipitale magnum
(f) hinterer Rand des verkleinerten Foramen occipitale magnum

64). Die mittlere Schädelgrube ist verkürzt, der Abstand zwischen dem hinteren Rand des Foramen occipitale magnum und der Nasenwurzel beträgt 6 cm, projiziert auf die Horizontallinie 4,3 cm; bei zwei willkürlich ausgewählten Vergleichsfällen dagegen einmal 6, bzw. 5,3 cm sowie einmal 7,8 bzw. 6,8 cm. Der Abstand zwischen dem Hinterrand des Foramen occipitale magnum und dem Clivus erreicht 3,2 cm, die medialen Ränder der Annuli tympanici sind nur 2 cm voneinander entfernt. Bei den zwei willkürlich ausgewählten Vergleichsfällen bestehen Entfernungen von 3,7 bzw. 2,3 cm. Der Winkel zwischen den Pyramiden und der Medianebene ist im Vergleich zum Normalfall relativ spitz (Abb. 63c).

Hintere Schädelgrube

Die stark abgeflachte hintere Schädelgrube ist hochgradig verkürzt, die Synchondrosis intraoccipitalis anterior nur noch rechts gerade angedeutet; die Synchondrosis intraoccipitalis posterior vollständig verschmolzen; Verschmälerung und Verkürzung des Foramen occipitale magnum (1,3 cm × 0,5 cm); Verengung der Fuge zwischen der verkleinerten Pars exoccipitalis des Os occipitale und der Pars petrosa des Os temporale mit Verengung des Foramen jugulare (Abb. 63, 64).

Lateral an die Pars supra- und die Pars interparietalis anschließend wölben sich dünne Knochenlamellen nach außen, die nach oben zum Teil durch die bogenförmige Linie unterhalb der Hinterhauptsverbildung (Abb. 63, 64d) abgetrennt werden. Weiter lateral haben diese dünnen Knochenlamellen Beziehungen zur Crista orbito-parieto-occipitalis (vgl. Abb. 62e).

Wichtigste Merkmale des Prager Falles

Keine Angaben über das Lebensalter

Kleeblattform +
Crista orbito-parieto-occipitalis +
schaufelartige, laterale obere Kalotte
  bis in die Stirnmitte reichend +
  bis in die laterale Stirnregion reichend
strahlenartige Verzweigung der Knochenbälkchen auf der Außenseite der lateralen oberen Kalotte +
dünnes, rudimentäres Os bifrontale in Stirnmitte +
dünne, nach außen gekrümmte Lamelle unterhalb der Crista orbito-parieto-occipitalis +
längsovale Hinterhauptsverbildung in der Medianebene +
exzessiver Gefäßreichtum im Bereich der Hinterhauptsverbildung +
Verkürzung der hinteren Schädelgrube +
Verkürzung der vorderen Schädelgrube (+) (?)
Verschmälerung und Verkürzung des Foramen occipitale magnum +
Verengung der Synchondrosis intersphenoidalis +
Verengung der Synchondrosis spheno-occipitalis +
Verengung der Synchondrosis intraoccipitalis anterior +
Verengung der Synchondrosis intraoccipitalis posterior +
Verkleinerung der Pars exoccipitalis des Os occipitale +
verstärkte Neigung der Pyramiden nach caudal +
Verkleinerung des Winkels zwischen Pyramiden und Medianebene +
Verkürzung der Pars supraoccipitalis +
Verkürzung der Pars interparietalis +
Keine Angaben über das schädelferne Skelet

---

6. *Wien*

Dem Kleeblattschädel-Syndrom wurden 1960 von HOLTERMÜLLER und WIEDEMANN auch Fälle zugerechnet, die sich von der bei VROLIK an Hand des *Amsterdamer* Falles 1849 beschriebenen Schädelform und auch von dem Loschgeschen Fall gut abgrenzen lassen. Wir konnten einen solchen Schädel untersuchen, der 1926 von GRUBER (II) im Zusammenhang mit einer Neubeurteilung des *Innsbrucker* Skelets (M 25) und einer Beschreibung eines Falles aus *Linz* und Hinweisen auf je einen Fall von RUDOLPHI (1826) und GÖTT erwähnt wurde. – Der

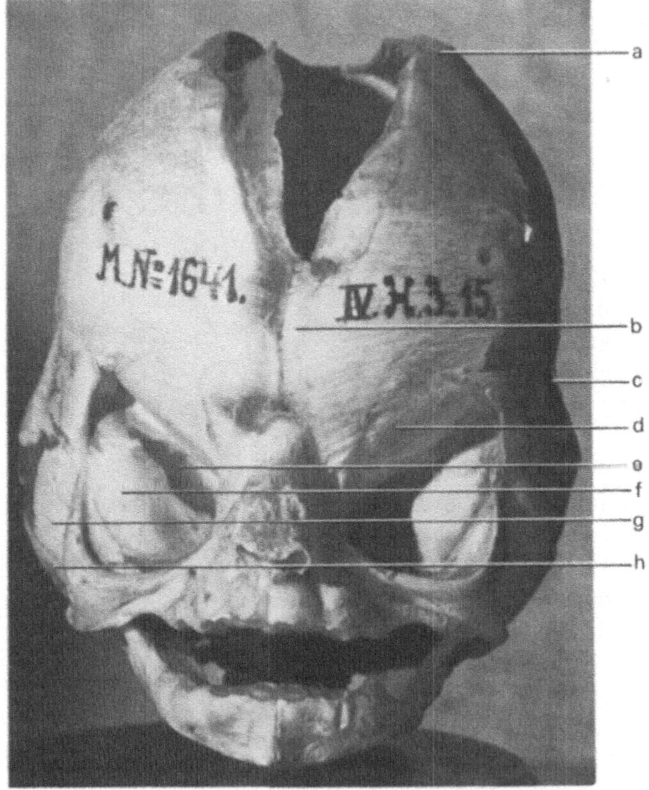

Abb. 65. *Wiener* Fall

(a) Oberer Rand der lateralen oberen Kalotte
(b) Stirnmitte, unten fast verknöcherte Sutura metopica
(c) Crista orbito-parieto-occipitalis
(d) Orbitadach
(e) Fissura orbitalis superior
(f) laterale hintere Wand der Orbita – großer Keilbeinflügel
(g) laterale vordere Wand der mittleren Schädelgrube – großer Keilbeinflügel
(h) laterale hintere Wand der mittleren Schädelgrube – Squama temporalis

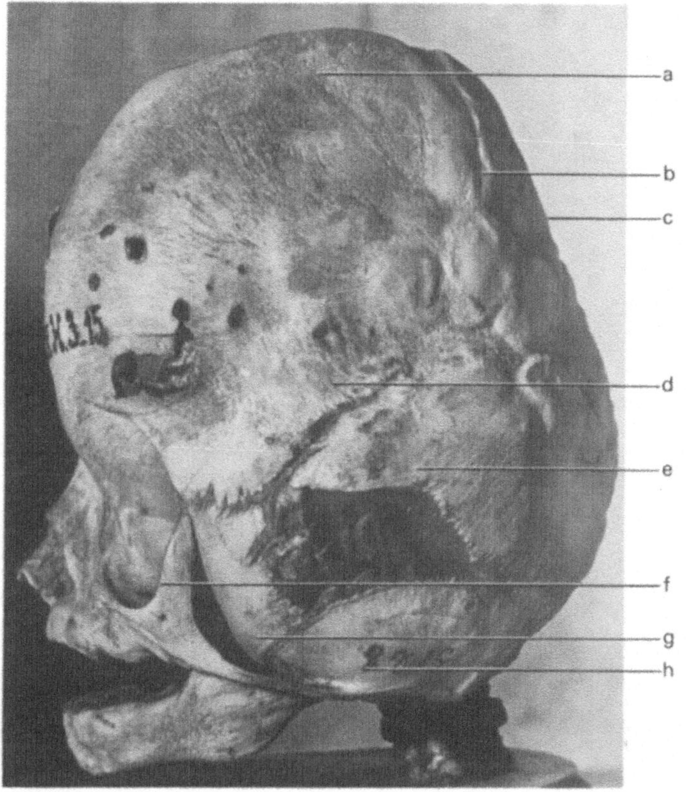

Abb. 66

(a) Laterale obere Kalotte
(b) schmaler Spalt zwischen der lateralen oberen und der hinteren, oberen Kalotte
(c) hintere obere Kalotte
(d) Mitte der gerade angedeuteten Crista orbito-parieto-occipitalis. Mehrere Defektbildungen in dem vorderen Abschnitt der lateralen oberen Kalotte. Zusammenhang zu Gefäßen?
(e) dünne Lamelle unterhalb der Crista orbito-parieto-occipitalis
(f) lateraler Orbitarand, Os zygomaticum
(g) laterale vordere Wand der mittleren Schädelgrube – Ala major ossis sphenoidalis
(h) laterale hintere Wand der mittleren Schädelgrube-Squama temporalis

Schädel stammt aus der Zeit ROKITANSKY's und wird heute noch im Narrenturm des Allgemeinen Krankenhauses der Stadt *Wien* aufbewahrt (MN 1641).

Die Nasenwurzel weist nur eine geringfügige Einziehung auf. Die großen steilen Anteile der lateralen oberen Kalotte reichen nach vorn bis zur Stirnmitte, wo sie lediglich durch die Sutura metopica (Abb. 65b) getrennt werden, wodurch eine stark ausgeprägte Vergrößerung der großen Fontanelle erfolgt. Von dem lateralen oberen Orbitadach zieht eine hufeisenförmige, nur schwach ausgeprägte Einschnürung nach occipital (Abb. 65c, 66d, 67e). Von einem Punkt in der Mitte des lateralen Schenkels dieser Einschnürung verzweigen sich strahlen-

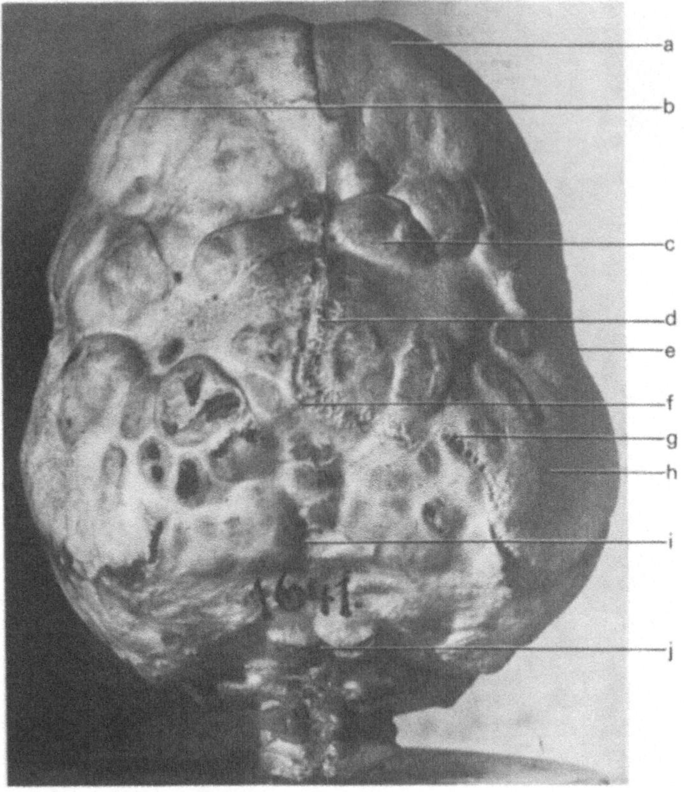

Abb. 67

(a) Schmaler Spalt zwischen der hinteren oberen und der lateralen oberen Kalotte
(b) schmaler Spalt zwischen der hinteren oberen und der lateralen oberen Kalotte
(c) mehrere blasenartige Vorwölbungen in der gesamten hinteren Kalotte, gelegentlich Defektbildungen. Zusammenhang zu Gefäßen
(d) mediane Naht in der hinteren oberen Kalotte – „Sutura sagittalis"
(e) gerade angedeutete Crista orbito-parieto-occipitalis
(f) Vereinigung der Sutura lambdoidea und der medianen Naht in der hinteren oberen Kalotte
(g) Sutura lambdoidea
(h) dünne Knochenlamelle unterhalb des dorso-lateralen Schenkels der gerade angedeuteten Crista orbito-parieto-occipitalis
(i) Grenzbereich zwischen der Pars interparietalis und der Pars supraoccipitalis des Os occipitale
(j) Synchondrosis intraoccipitalis posterior

ähnlich die Knochenbälkchen (Abb. 66d Pfeilende). Die Knochenbälkchen werden nach der Peripherie schmäler. Von dem lateralen Schenkel der Einschnürung wölbt sich eine dünne, stark gezähnelte Knochenlamelle nach außen (Abb. 66e). Die obere laterale Kalotte wird von der hinteren oberen Kalotte durch einen schmalen Spalt getrennt (Abb. 66b). Die hintere obere Kalotte weist eine deutliche mediane Naht auf (Abb. 66c, 67d). Insbesondere in dem unteren Bereich dieses

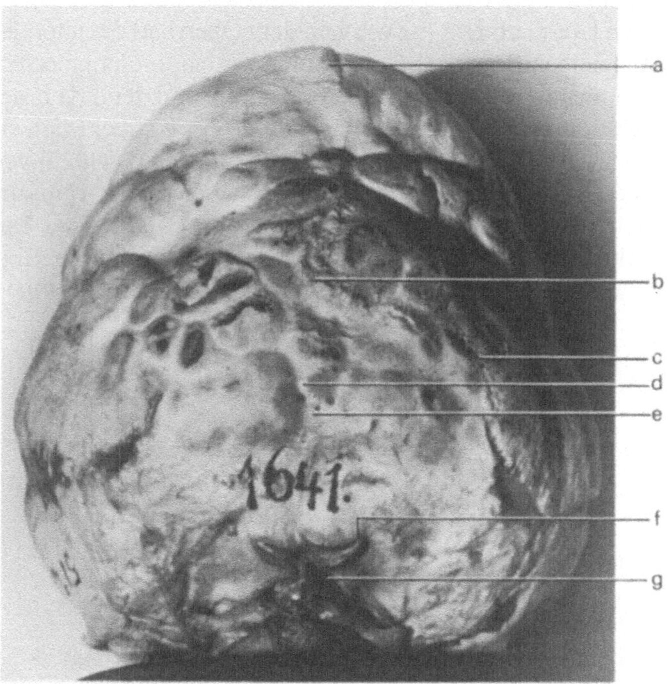

Abb. 68

(a) Mediane Naht in der hinteren oberen Kalotte – „Sutura sagittalis"
(b) Vereinigung der Sutura lambdoidea und der medianen Naht in der hinteren oberen Kalotte
(c) Sutura lambdoidea
(d) Pars interparietalis ossis occipitalis
(e) Grenzbereich zwischen Pars interparietalis und Pars supraoccipitalis
(f) hochgradig verschmälerte – im lateralen Abschnitt schon verknöcherte – Synchondrosis intraoccipitalis posterior
(g) Pars exoccipitalis des Os occipitale

Kalottenabschnittes, in geringerem Ausmaß aber auch in der lateralen oberen Kalotte, wölben sich mehrere blasenähnliche Öffnungen nach außen (Abb. 66, 67c). Ein größerer Defekt in der hinteren Kalotte mit einem unregelmäßigen gezähnelten Randwall fehlt (vgl. Abb. 67d und f). Die Pars interparietalis des Os occipitale ist von altersentsprechender Länge (Abb. 67 zwischen f und i, Abb. 68d); sie wird von der darüberliegenden, hinteren oberen Kalotte durch einen unregelmäßigen, leicht gezackten Rand getrennt (Abb. 67f, 68c). Die Fuge zwischen der Pars exoccipitalis und der Pars supraoccipitalis – Synchondrosis intraoccipitalis posterior – weist eine erhebliche Verschmälerung auf (Abb. 67j, 68f). Der laterale Abschnitt des Unterrandes der Pars supraoccipitalis des Os occipitale ist stark an die Pars petrosa des Os temporale angenähert. Der Arcus zygomaticus (Abb. 66f) fällt leicht schräg nach caudo-occipital ab mit entsprechender Caudalverlagerung des Annulus tympanicus. Der laterale Abschnitt des großen Keilbeinflügels (Abb. 65g, 66g) und der Squama temporalis (Abb. 65h, 66h) wölben sich weit nach lateral unten. – Zwischen dem Oberrand des lateralen Abschnittes des großen Keilbeinflügels und der Squama temporalis einerseits sowie der lateralen Einschnürung der lateralen oberen Kalotte und der davon sich nach unten vorwölbenden dünnen Knochenlamelle andererseits erstreckt sich ein dünner knochenfreier Bezirk (Abb. 66 unterhalb von e). GRUBER (II) (1926) vermutete eine vorzeitige Verknöcherung der „Synchondrosis tribasilaris" (zusammenfassend für Synchondrosis spheno-occipitalis und die Fuge zwischen der Pars petrosa des Os temporale und der Pars exoccipitalis des Os occipitale). Über schädelferne Anomalien wird in den Sektionsunterlagen nichts berichtet (GRUBER II, 1926).

Wichtigste Merkmale des Wiener Falles

Kleeblattform +
Crista orbito-parieto-occipitalis (+)
schaufelartige, laterale obere Kalotte
  bis in die Stirnmitte reichend +
  nur bis in die laterale Stirnregion reichend
strahlenähnliche Verzweigung der Knochenbälkchen auf der Außenseite der lateralen oberen Kalotte +
dünnes, rudimentäres Os bifrontale in Stirnmitte –
dünne, nach außen gekrümmte Lamelle unterhalb der Crista orbito-parieto-occipitalis +
längsovale Hinterhauptsverbildung in der Medianebene –
knochenfreies Zentrum in der Hinterhauptsverbildung –
exzessiver Gefäßreichtum im Bereich der Hinterhauptsverbildung –
Verkürzung der hinteren Schädelgrube +
Verkürzung der mittleren Schädelgrube +
Verkürzung der vorderen Schädelgrube –
Verschmälerung und Verkürzung des Foramen occipitale magnum?
Verengung der Synchondrosis intersphenoidalis
Verengung der Synchondrosis spheno-occipitalis +
Verengung der Synchondrosis intraoccipitalis anterior
Verengung der Synchondrosis intraoccipitalis posterior +
Verkleinerung der Pars exoccipitalis des Os occipitale (+ ?)
verstärkte Neigung der Pyramiden nach caudal (+)
Verkleinerung des Winkels zwischen Pyramiden und Medianebene ?
Verkürzung der Pars supraoccipitalis –
Verkürzung der Pars interparietalis –
keine Angaben über evtl. Anomalien am schädelfernen Skelet

V. Resümee

1. *Neuuntersuchte Fälle und Berliner Fall*

Die Fälle aus *Amsterdam, London, Prag, Innsbruck* und *Berlin* sowie der von *Erlangen* zeichnen sich in unterschiedlichem Maß aus durch die Crista orbito-parieto-occipitalis, die Verformungen im Bereich speziell der lateralen oberen und noch mehr im Gebiet der hinteren Kalotte mit der Lückenbildung, durch die Verengungen von Schädelbasisfugen, der Verkürzung vorwiegend der mittleren und hinteren Schädelbasis, die Verbreiterung der mittleren Schädelgrube, die verstärkt nach caudal abfallenden Felsenbeine sowie die Verkleinerung des Winkels zwischen den Pyramiden und der Sagittalebene (Abb. 72, 73, 74, 75, 77).

Der *Wiener* Fall, bei dem die *Kleeblattform* und die Crista orbito-parieto-occipitalis nur sehr geringfügig angedeutet ist (Abb. 65c, 66d, 67d, 68), verfügt über keine Lückenbildung (Abb. 67f, 68b) im Hinterhaupt.

Der *Londoner*, der *Innsbrucker*, der *Wiener* und der *Erlanger* Fall besitzen eine bis weit in die Stirnmitte reichende laterale obere Kalotte; in diesen Fällen fehlt ein rudimentäres Os bifrontale. Im Gegensatz dazu reicht bei dem *Berliner*, dem *Prager* und dem *Amsterdamer* Fall die laterale obere Kalotte nur bis in die laterale Stirnregion. In Stirnmitte dehnt sich bei diesen drei Fällen ein rudimentäres Os bifrontale aus (vgl. Abb. 72, 73, 74, 75).

Die Squama occipitalis mit der desmal entstandenen Pars interparietalis und der enchondral entstandenen Pars supraoccipitalis ist bei dem *Amsterdamer*, dem *Innsbrucker*, dem *Londoner*, dem *Prager* und dem eigenen *Berliner* Fall verkürzt. Diese Verkürzung fehlt bei dem *Erlanger* Fall (Abb. 72, 73, 74, 75).

Der oberhalb der Hinterhauptsverbildung gelegene Kalottenanteil wird bei allen Fällen mit der lateralen Kalotte überwiegend durch die Crista orbito-parieto-occipitalis verbunden.

Die laterale, obere Kalotte besitzt auf der Außenfläche strahlenförmig sich verzweigende Knochenbälkchen, die von einem Punkt am Oberrand der Crista orbito-parieto-occipitalis ausgehen (vgl. S. 102, 103).

2. *Vergleich der Bezeichnung der verschiedenen Kalottenabschnitte bei früheren Beschreibungen der von uns untersuchten Fälle*

Wenn wir den in einigen Fällen in Stirnmitte gelegenen dünnen Knochen als rudimentäres Os bifrontale bezeichnen [*Amsterdam:* Abb. 26 (Tafel XXXVI, 3a), Abb. 27d, 28c; *Prag:* Abb. 60c, 61c; *Berlin:* Abb. 3c, 4c, 5d, 6d, 14c], müssen wir zwangsläufig die laterale obere Kalotte dem Os parietale zuordnen [*Amsterdam:* Abb. 26 (Tafel XXXVI, 3b), Abb. 27a, b, 28a, b, 30b, 31b; *Prag:* Abb. 60a, 61a, b; *Berlin:* Abb. 3a, b, 4a, b, 5a, b, c, 6a, c, 7a, 8b, 9b, f, 10b, f, 14a]. Eine derartige Auffassung wurde z.B. von VROLIK (1849) vertreten. Die hintere obere Kalotte [*Amsterdam:* Abb. 26 (Tafel XXXVI, 3c), Abb. 28d, 29d, 30a, 31a] läßt sich dann allerdings nicht mehr als Teil des Os parietale betrachten. VROLIK (1849) sah bei dem *Amsterdamer* Fall hier einen Teil der Hinterhauptsschuppe [Abb. 26 (Tafel XXXVI, 3c), Abb. 73, 74, 75, 77].

Bei anderen Fällen, bei denen der isolierte rudimentäre dünne Knochen in Stirnmitte fehlt (*Innsbruck:* Abb. 39; *Erlangen:* Abb. 48, Fig. 2, 4, Abb. 49e, 50e, Abb. 59a; *Wien:* Abb. 65b, 66) oder wie bei dem *Londoner* Fall nicht sicher nachweisbar ist (Abb. 33b, d, 34d, 36b) wird dagegen die dann weit nach vorn reichende laterale obere Kalotte als Os frontale bezeichnet (Abb. 72, 73, 74, 75, 77).

LOSCHGE (1800) sprach bei der dünnen Lamelle unterhalb der Crista orbito-parieto-occipitalis (Abb. 48: Fig. 2, 4vwx) von Anteilen des Scheitelbeines. Eine ähnliche Auffassung vertrat VROLIK (1849). Er bezeichnete sowohl die dünne Lamelle unterhalb der Crista orbito-parieto-occipitalis (Abb. 27e, 28i) als auch die laterale obere Kalotte (Abb. 27a, b, 28a, b) als Anteil des Scheitelbeins [Abb. 26 (Tafel XXXVI, 3b)].

Jedoch betrachtete auch LOSCHGE (1800) den oberhalb der Hinterhauptsverbildung gelegenen Kalottenabschnitt als Anteil des Os parietale (Abb. 48: Fig. 3p).

PARTINGTON et al. (1961) schlossen sich bei der Beschreibung des *Londoner* Falles (TE 256) SHORE (1929) an und vermuteten in diesem Kalottenabschnitt ein Os biparietale. GRUBER (I) (1925) dagegen sah bei seinem *Innsbrucker* Fall ähnlich wie VROLIK oberhalb der Hinterhauptsverbildung einen Teil des Hinterhauptsbeines. GRUBER (II) nahm dann jedoch 1926, in Anlehnung an DIETRICH-WEINNOLDT (1926), eine Uminterpretation vor. Jetzt bezeichnete er diesen Kalottenabschnitt als Os biparietale. Eine damit übereinstimmende Auffassung vertrat er bei dem *Wiener* Fall (MN 1641) für den Kalottenabschnitt oberhalb der Lambdanaht. Retrospektiv nahm er ebenfalls in Anlehnung an DIETRICH-WEINNOLDT (1926) eine Neuinterpretation des VROLIK'schen Falles und der beiden Fälle von MEYER (1911, 1924) vor und vermutete jetzt auch dort ein Os biparietale.

LOSCHGE (1800) beschrieb die Defektbildungen (Abb. 48, Fig. 3n, o, J und Fig. 4) im Hinterhaupt deskriptiv oberhalb des Grenzbereiches zwischen Hinterhauptsbein und Scheitelbein (Abb. 48, Fig. 3u). Eine kleine Fontanelle verneinte er.

VROLIK (1849) sprach deskriptiv von einer Anschwellung [Abb. 26 (Tafel XXXVI, 3h)] im Hinterhaupt [Abb. 26 (Tafel XXXVI, 3c)]. Nach seiner Auffassung verlängerten sich die Scheitelbeine [Abb. 26 (Tafel XXXVI, 3b)] nach rückwärts in eine gerade aufsteigende Schuppe [Abb. 26 (Tafel XXXVI, 3c)]. Unterhalb dieser Anschwellung [Abb. 26 (Tafel XXXVI, 3h)] lokalisierte er die „kleine, eingedrungene Schuppe des Hinterhauptsbeins". Nach VROLIK (1849) [Abb. 26 (Tafel XXXVI, 3)] wurde die „gerade aufsteigende Schuppe c" „von der kleinen, eingedrungenen Schuppe des Hinterhauptsbeins“ geschieden. GRUBER (I) (1925) betrachtete die Hinterhauptsverbildung bei seinem *Innsbrucker* Fall (M 25) als ein erweitertes Emissarium in der Protuberantia occipitalis.

Diese Auffassung wurde hinfällig, als er 1926 diesen Fall uminterpretierte und die gesamte Squama occipitalis unter die Hinterhauptsverbildung lokalisierte.

PARTINGTON et al. (1972) vermuteten in der Hinterhauptsverbildung des *Londoner* Falles eine kleine Fontanelle (Abb. 34f, g, 35e, f, h, 36d, 37b, 38b).

VI. Besprechung der eigenen Ergebnisse mit Vergleich zu den übrigen in der Literatur erwähnten Fällen

1. *Einteilung und Abgrenzung der verschiedenen Typen*

Gegenüberstellung und Einordnung aller in der Literatur beschriebenen Fälle nach unserer Typeneinteilung

Wir versuchen alle bis jetzt in der Literatur aufgeführten Fälle sowie den eigenen aus *Berlin* nach bestimmten Gesichtspunkten zu ordnen. Als Einteilungskriterien benutzen wir in Anlehnung an PARTINGTON et al. (1971) die häufige – meist generalisierte, nur selten lokalisierte – Mitbeteiligung des schädelfernen Skelets. Typische Fälle in unserer Einteilung weisen eine deutlich ausgeprägte Crista orbito-parieto-occipitalis und eine längsovale, nach außen trichterförmig aufgewulstete Hinterhauptsverbildung auf.

Alle Fälle eines Kleeblattschädel-Syndroms mit generalisiertem *Zwergwuchs* entsprechend dem von VROLIK aus *Amsterdam* beschriebenen Kind betrachten wir als Typ I.

Eine weitgehende Übereinstimmung hinsichtlich der Schädelbasis ist nach den Beschreibungen entweder gesichert oder aber doch als sehr wahrscheinlich anzunehmen. Eine weitgehende Übereinstimmung besteht auch hinsichtlich der Form der Kalotte. Alle Fälle von Kleeblattschädel-Syndrom mit symmetrischen *Ankylosen* an den großen Extremitätengelenken – entsprechend dem von LOSCHGE (1800) aus *Erlangen* beschriebenen Kind – ordnen wir dem Typ II zu. Knöcherne Ankylosen werden am häufigsten am Ellenbogen, knorpelige an den Kniegelenken und fibröse an den Zehen beschrieben. In Abweichung von PARTINGTON et al. (1971) beschränken wir den Typ II auf Fälle, die Ankylosen an den großen Extremitätengelenken aufweisen. Subluxationen schließen wir aus (vgl. FEINGOLD et al., 1969, 1. Fall).

Eine nähere Beschreibung der Schädelbasis bei Typ II fanden wir außer bei LOSCHGE (1800) nur bei ELSNER (1939) und dem II. Fall von LIEBALDT (1964). Es besteht allenfalls teilweise Übereinstimmung in der Beschreibung der Basis zwischen dem von ELSNER (1939) beschriebenen Kind und dem *Erlanger* Präparat.

Alle Fälle von Kleeblattschädel-Syndrom, die dem von HOLTERMÜLLER und WIEDEMANN (1960) beschriebenen Kind hinsichtlich des schädelfernen Skelets entsprechen, also ohne Ankylosen oder Zwergwuchs, betrachten wir als Typ III. Der HOLTERMÜLLER-WIEDEMANN'sche oder III. Typ bezeichnet demnach in unserer Einteilung eine Unterform des Kleeblattschädel-Syndroms. Die Beschreibung der Schädelbasis unterscheidet sich von unseren Fällen des Typs I und II.

Die Nomenklatur der Kalotte ist bei den verschiedenen Fällen nicht einheitlich (Abb. 73, 74, 75).

Die Fälle des Typs I sterben meist in der Spätfetal- oder Perinatalphase. Kinder des Typs II können jedoch allerdings mehrere Wochen oder gar Monate alt werden.

Kinder des Typs III sind extrem selten. Das von HOLTERMÜLLER und WIEDEMANN (1960) beschriebene Kind wurde 4,5 Monate alt (vgl. Schema über die diagnostischen Kriterien, S. 92, 93, vgl. Tabelle mit allen uns bekannt gewordenen Fällen, S. 110–115).

ARSENI et al. (1972) beschrieben (Fall 1) ein 3 Wochen alt gewordenes Mädchen mit typischem Kleeblattschädel-Syndrom ohne Ankylosen und ohne Zwergwuchs, das also zu Typ III gehörte. Bei einigen Fällen (KRAUSPE, 1958) ist die Einordnung auf Grund des Lebensalters zur Gruppe III (HOLTERMÜLLER-WIEDEMANN'scher Typ) möglich. Zumindest bei dem zweiten Fall von KRAUSPE (1958) fehlt jedoch eine genaue Beschreibung des schädelfernen Skelets. KRAUSPE (1958) spricht bei seinen beiden Fällen lediglich von Hydrocephalus chondrodystrophicus. Aus den Abbildungen des I. Falles (Abb. 8, 13, 14) läßt sich zwanglos ein Zwergwuchs annehmen. Die Abbildungen (Abb. 9, 11, 12) des anderen Falles gestatten jedoch keine Festlegung. In anderen Fällen, die meist unter klinisch röntgenologischen Aspekten beurteilt wurden, fehlt eine genaue Dokumentation der Kalotte und der Basis. Da eine Einordnung zum Kleeblattschädel-Syndrom hier schwierig oder gar unmöglich ist, ordnen wir diese Fälle generell unter dem Überbegriff: „Sonstige Fälle aus dem weiteren Formenkreis“ ein. Den *Wiener* Fall stellen wir ebenfalls außerhalb unserer 3 Typen, da die Kleeblattform bei ihm nur angedeutet ist. Sichere Gehirnanomalien sind uns bei den 3 Typen nicht bekannt. Einige Fälle, bei denen die Kleeblattform zumindest angedeutet ist, bei denen aber teilweise Abweichungen von den Typen I, II und III vorliegen, fassen wir ebenfalls zu einer Rubrik zusammen. Geringe Zusatzbefunde bei den typischen Fällen führen wir nicht gesondert auf. STEINMETZ beschrieb 1833 einen fast 10 Jahre alten Jungen mit der typischen Kleeblattform. Da hier jedoch Schwimmhäute zwischen den Fingern und Zehen vorlagen, können wir diesen Fall nicht bei Typ III einordnen. HODACH et al. (1975) erwähnten ebenfalls einen 6 Monate alt gewordenen Jungen mit der typischen Kleeblattform, den wir ebenfalls wegen der zahlreichen Begleitanomalien nicht bei Typ III einordnen (u. a. zweiseglige Aortenklappe, multiple Eingeweideanomalien, mutmaßlicher Zusammenhang zum Pfeiffer-Syndrom).

2. *Vergleich der Bezeichnung der verschiedenen Kalottenabschnitte bei den Beschreibungen der nicht von uns untersuchten Fälle*

Die unterschiedliche Bezeichnung insbesondere der hinteren und lateralen Kalotte konzentriert sich vorwiegend auf die Bezeichnung der Hinterhauptsverbildung und des darüberliegenden Kalottenabschnittes.

Schema über die diagnostischen Kriterien

	Typ I A, B, (P)[a] I, L[a]	Typ II E[a]	Typ III	Kleeblattform zumindest angedeutet	Sonstige Fälle
Lebensalter: Perinataler Tod	+				
Lebensalter: Tod evtl. erst nach Monaten		+			
Lebensalter: Tod nach Monaten			+		
Kleeblattform	+	+	+		
Crista orbito-parieto-occipitale	+	+	+		
Schaufelartige, laterale, obere Kalotte mit strahlenähnlicher Verzweigung der Knochenbälkchen auf der Außenseite	+	+	+		
bis in die Stirnmitte reichend	+				
bis in die laterale Stirnregion reichend	+				
Dünnes rudimentäres Os bifrontale in Stirnmitte	+ –		?		
Dünne, nach außen gekrümmte Lamelle unterhalb der C.o.p.o.	+	+	+?		
Längsovale Hinterhauptsverbildung in der Medianebene	+	+	+		
Knochenfreies oder knochenarmes Zentrum in dieser Hinterhauptsverbildung	+	+	+?		
Exzessiver Gefäßreichtum im Bereich der Hinterhauptsverbildung	+	+	+		
Verkürzung der vorderen Schädelgrube	(–)	–	–?		
Verkürzung der hinteren Schädelgrube	+	(+)	?		
Verkürzung der mittleren Schädelgrube	+	(+)	?		
Verschmälerung und Verkürzung des Foramen occipitale magnum	+	(+)	?		

Schema über die diagnostischen Kriterien

	Typ I A, B, (P)[a] I, L[a]	Typ II E[a]	Typ III	Kleeblattform zumindest angedeutet	Sonstige Fälle
Verengung der Synchondrosis intersphenoidalis	+	+	?		
Verengung der Synchondrosis spheno-occipitalis	+	+	?		
Verengung der Synchondrosis intraoccipitalis anterior	+	(+)	?		
Verengung der Synchondrosis intraoccipitalis posterior	+	+	?		
Verkleinerung der Pars exoccipitalis des Os occipitalis	+	–	?		
Verstärkte Neigung der Pyramiden nach caudal	+	+	+		
Verkleinerung des Winkels zwischen Pyramiden und Medianebene	+	+	?		
Verkürzung der Pars supraoccipitalis	+	–	?		
Verkürzung der Pars interparietalis	+	–			
Zwergwuchs	+	–	–		
Ankylosen	–	+	–		
Weder Zwergwuchs noch Ankylosen	+	+	+		
ZNS Anomalien	–	–	–		
Sonstige Skeletanomalien	–	–	–		
Anomalien außerhalb des Skelets oder des ZNS	(+)	(+)	(+)		

[a] A Amsterdam, L London,
B Berlin, I Innsbruck,
P Prag, E Erlangen.

Diejenigen, meist älteren Autoren (Schott, 1881; Meyer II, 1924), die die Hinterhauptsverbildung in die Hinterhauptsschuppe lokalisierten, bezeichneten das obere Hinterhaupt noch als Schuppe.

Dietrich-Weinnoldt beschrieb 1926 die Hinterhauptsverbildung, die sie als „derben bindegewebigen prolapsartigen Pfropf" bezeichnete, in dem hinteren Teil der Sagittalnaht: Die vordere Hälfte der Sagittalnaht war „vollkommen verknöchert". Dietrich-Weinnoldt (1926) betrachtete den oberhalb der Hinterhauptsverbildung gelegenen Kalottenabschnitt auch als Os biparietale. Diese Auffassung wurde sinngemäß – wie weiter vorn bei der Beschreibung des *Innsbrucker* Falles erwähnt – von Gruber (II) (1926) übernommen. Eine ähnliche Auffassung vertraten Welter (1936) und Elsner (1939) sowie Holtermüller und Wiedemann (1960), ferner Liebaldt (1964) (vgl. Tabelle, S. 110–115).

Liebaldt (1964) führte für die Hinterhauptsverbildung die Bezeichnung „Fontanellenknochen" ein. Bei seinem Fall (vgl. Holtermüller und Wiedemann 1960) sah er innerhalb seines Fontanellenknochens erweiterte Markräume, die er als Reste eines „persistierenden embryonalen Gefäßnetzes" bezeichnete. Bei seinem II. Fall schrieb Liebaldt (1964): „Inmitten eines jugendlichen, kernreichen und überwiegend porenreichen Bindegewebes finden sich relativ wenig, jedoch regelrechte Knochenbälkchen. Anstelle der Markräume sieht man vorwiegend zellig-faseriges Bindegewebe und vereinzelt große Gefäßhohlräume."

Aus der Beschreibung von Liebaldt (1964) geht nicht hervor, ob er das Gewebe für die histologische Untersuchung aus dem Zentrum oder aus dem Rand der Hinterhauptsverbildung entnahm. Gezielte postmortale Röntgenuntersuchungen nach Entnahme des Gehirns fehlen.

Bei dem Fall von Bonucci und Nardi (1972) waren die Scheitelbeine nach hinten verlagert, die Sutura sagittalis sowie die Sutura lambdoidea synostosiert, die hintere Fontanelle ossifiziert. Hier bildete sich, ihrer Beschreibung nach, eine exostosenähnliche Vorwölbung.

Widdig et al. (1974) erwähnten eine Steilstellung der Ossa parietalia mit weiter Sagittalnaht. Diese war mit der großen Fontanelle und der Stirnnaht verbunden. Hinsichtlich der hinteren oberen Kalotte schrieben sie: „Im Bereich der Lambdanaht findet sich eine unübersichtliche Knochenregion, die sich schwer gegen das Os occipital abgrenzen läßt. Im unteren Teil dieses Schädelabschnittes ist ein im Durchmesser maximal 3 cm großer Defekt, der durch eine schräg verlaufende Knochenlamelle ungleich geteilt wird. Von dieser Knochenregion möchten wir den unteren Teil als Fontanellenknochen und den darüber liegenden steilgestellten, innen mit einer sagittalen medianen Knochenleiste versehenen Anteil als Os biparietale ansehen. Im medianen dorsalen Bereich der Schädelbasis finden sich zahlreiche weiche waben- oder zellenartige Gebilde".

Wir verzichten bewußt auf eine nomenklatorische Festlegung hinsichtlich der lateralen und hinteren oberen Kalotte. Wir beschränken uns in diesem Gebiet auf topographisch-anatomische Begriffe, z.B. lateral oberhalb oder unterhalb der Crista orbito-parieto-occipitalis, sowie hintere Kalotte bzw. Verbildung in der hinteren Kalotte. Wir vermeiden dementsprechend die Bezeichnung „Os biparietale". Wir halten auch die Anwendung des Begriffes „Fontanellenknochen" für höchst unglücklich, da wir hierunter einen Deckknochen am Ort der kleinen Fontanelle verstehen.

Die zahlreichen Röntgenaufnahmen bei den von uns untersuchten Fällen lassen hier aber immer eine Defektbildung erkennen, deren Rand von zahlreichen Gefäßkanälen durchsetzt wird.

VII. Pariser Nomenklatur der konstitutionellen Knochenerkrankungen

Definitionen der Achondroplasie und des thanatophoren Zwergwuchses

Beispielhafte Schilderung unseres Berliner thanatophoren Zwergwuchses

Beziehung des Vrolikschen Typs des Kleeblattschädel-Syndroms zum thanatophoren Zwergwuchs

Mehrfach wurde versucht, das Kleeblattschädel-Syndrom zu einem uns aus anderen Zusammenhängen bekannten Krankheitsbild in Beziehung zu setzen. Wir gehen deshalb kurz auf die Einteilungsprinzipien ein, wie sie in der *Pariser Nomenklatur* der *Konstitutionellen Knochenerkrankungen* niedergelegt sind und schildern dann das Beispiel eines differentialdiagnostisch wichtigen Falles.

Die eine Gruppe umfaßt konstitutionelle Knochenerkrankungen mit bekannter Pathogenese, z. B. chromosomale Aberrationen, primäre Stoffwechselstörungen und sekundäre Skeletanomalien bei Störungen anderer Organsysteme. Die andere große Gruppe enthält die konstitutionellen Knochenkrankheiten unbekannter Pathogenese. Diese werden unterteilt in I. Osteochondrodysplasien (= Wachstums- und Entwicklungsanomalien von Knorpel und/oder Knochengewebe), II. Dysostosen mit Fehlbildungen einzelner Skeletteile, III. Idiopathische Osteolysen und IV. primäre Wachstumsstörungen. – Die Gruppe der Osteochondrodysplasien umfaßt eine große Untergruppe mit Wachstums- und Entwicklungsstörungen von Röhrenknochen und/oder Wirbelsäule, die dann nach ihrem Manifestationsalter in zwei Untergruppen unterteilt werden. Ein Teil der Krankheitsbilder aus dieser Untergruppe ist schon bei der Geburt manifest, der andere Teil wirkt sich erst später aus. Die bei der Geburt manifesten Formen aus dieser Untergruppe umfassen heute 12 Krankheitsbilder.

Eine Einordnung des Kleeblattschädel-Syndroms in die *Pariser Nomenklatur* ist nur über das schädelferne Skelet und das Lebensalter möglich. Eine Differenzierung und Zuordnung über die Form der Kalotte ist ausgeschlossen. Gelegentlich wurde – bei unserer Meinung nach atypischen Fällen – selektiv die Frage praematurer Synostosen der Kalotte in den Vordergrund gestellt (vgl. Hall et al., 1972; Shiller, 1959; Arbelo et al., 1968, Castroviejo und Company, 1969).

Hier bestehen jedoch Unterschiede zu den unserer Auffassung nach typischen Fällen, wir verzichten auf eine weitere Erörterung.

In der Einteilung der *Pariser Nomenklatur* läßt sich das schädelferne Skelet bei dem relativ häufigen Vrolikschen Typ innerhalb der Untergruppe der Osteochondrodysplasien bei den frühmanifesten Wachstums- und Entwicklungsstörungen der Röhrenknochen und der Wirbelsäule einordnen. Von älteren Autoren wurde beim angeborenen Zwergwuchs ohne nähere Differenzierung von „kongenitaler Rachitis" gesprochen. Später wurde die Sammelbezeichnung *Chondrodystrophie* (Kaufmann, 1892, 1893) und *Achondroplasie* verwandt (Parrot, 1876). Auf die zumindest relative Größe der desmal vorgebildeten Kalotte wurde von älteren Autoren bei der Chondrodystrophie mehrfach hingewiesen. Der Begriff der Chondrodystrophie wird heute jedoch in der *Pariser Nomenklatur* nicht mehr aufgeführt.

Differentialdiagnostisch kommen nach der neueren Einteilung Beziehungen zum *thanatophoren Zwergwuchs* oder zur Achondroplasie in Frage (Abb. 71).

In Anlehnung an die neue Nomenklatur aus *Paris* (vgl. Spranger, 1971) aus dem Jahr 1969 verstehen Lenz et al. (1971) unter Achondroplasie einen Zwergwuchs mit einem Zwischenwirbelabstand von 1:1 bis 2:1. Der Bogenwurzelabstand nimmt nach caudal in der LWS eher ab; quadratische Beckenschaufeln, enge Incisura ischiadica. Die langen Röhrenknochen weisen nach Lenz et al. (1971) keine Biegung – in der Frontalebene – auf; die Enden besitzen keine unregelmäßige Begrenzung. Die proximalen Femurenden zeigen eine homogene Aufhellung. Die Fibula soll relativ lang, das Thoraxskelet kaum verändert sein. Nach Rimoin et al. (1970) sind die Säulenknorpel der Knochen-Knorpelverbindung verkürzt, aber regelrecht angeordnet. Die Zahl der Zellen in der einzelnen Knorpel-Zellsäule sei gegenüber der Altersnorm nicht verringert, lediglich die Höhe sei geringer.

Die Kinder mit heterozygoter Achondroplasie sollen im Gegensatz zu den Kindern mit der homozygoten Form besser lebensfähig sein.

Die homozygote Achondroplasie soll dem thanatophoren Zwergwuchs stärker als der heterozygoten Achondroplasie ähneln (vgl. Rogovits et al., 1972). Nach Houston et al. (1974) besitzen die Kinder mit homozygoter Achondroplasie ein kleines Foramen occipitale magnum mit gleichzeitiger Verkürzung der Schädelbasis.

Der Begriff des thanatophoren Zwergwuchses wurde von Maroteaux et al. (1967) eingeführt und als eine spezielle Gruppe innerhalb der Chondrodystrophie betrachtet. Maroteaux et al. (1967) verstehen darunter eine spezielle frühletale (thanatophor = den Tod bringen) Form einer generalisierten Insuffizienz der enchondralen Ossifikation. Sie führen als Merkmale u.a. eine Verkrümmung insbesondere der langen Röhrenknochen, z.B. des Femurs in der Frontalebene an sowie eine „importante bande fibreuse development insuffisant et anarchie des colonnes cartilagineuses".

Der Thorax ist relativ schmal, die Wirbelkörperhöhe stark vermindert. Von frontal besitzen die Wirbelkörper im Röntgenbild einen U- oder H-ähnlichen Aspekt. Hinsichtlich des Schädels schreiben Maroteaux et al. (1967): „La base du crâne a des dimensions réduites par rapport à celles de la voûte, dont le development est excessif." Spranger et al. (1974) sowie Houston et al. (1974) führen die Verengung des Foramen occipitale magnum als ein weiteres Merkmal des thanatophoren Zwergwuchses an.

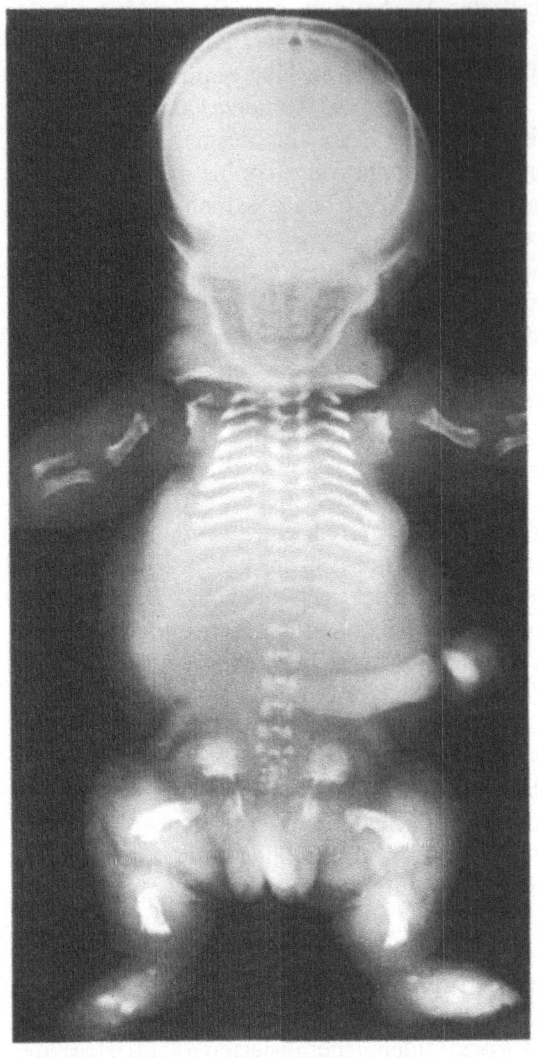

Abb. 69. Thanatophorer Zwergwuchs

SPRANGER et al. (1974) rechnen inzwischen sowohl Fälle mit Femurkrümmung (dortige Abbildung 10, 2a) als auch Fälle ohne Femurkrümmung zum thanatophoren Zwergwuchs (dortige Abbildung 10–2B).

Der Krankheitsbegriff wurde also inzwischen erweitert. Das Kriterium des „frühen Todes" trifft zwar auch bei dem Vrolikschen Typ des Kleeblattschädels zu, trotzdem sind die röntgenanatomischen Unterschiede so groß, daß wir einen Zusammenhang zum thanatophoren Zwergwuchs ablehnen.

Wir unterscheiden uns hier von PARTINGTON et al. (1971), der einer persönlichen Mitteilung von MAROTEAUX zufolge einen Zusammenhang zwischen dem Zwergwuchs bei der Vrolikschen Form und dem thanatophoren Zwergwuchs vermutete (zit. nach PARTINGTON et al., 1971) (vgl. Abb. 71).

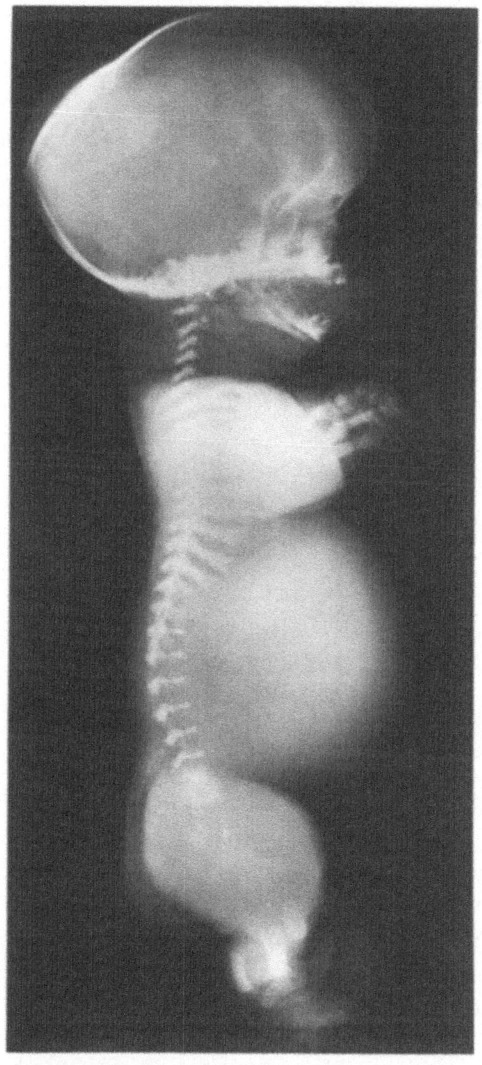

Abb. 70. Thanatophorer Zwergwuchs

Die von Maroteaux et al. (1967) angegebenen Kriterien sahen wir bei einem Fall, der schon durch die intrauterinen Röntgenaufnahmen diagnostiziert wurde.

SN 484/66 Patholog. Institut im Klinikum *Westend*, Obduzentin Dr. Vogel: Eine 35 cm lange, 2150 g schwere, männliche Totgeburt, bei der schon durch eine pränatale Röntgenaufnahme eine Skeletanomalie nachgewiesen war. Die wesentlichen Befunde waren: Die plumpe Schädelform, eine Sattelnase sowie über beiden Ohren ein gut fingerweiter Knochendefekt im Bereich der Squama temporalis. – Glockenförmige Verbreiterung des Thorax von oben nach unten. Kurze, überwiegend horizontal gestellte Rippen. Beträchtliche Verringerung der Wirbelhöhe. Vergrößerung des Zwischenwirbelabstandes (Abb. 69, 70). U- bis H-förmige

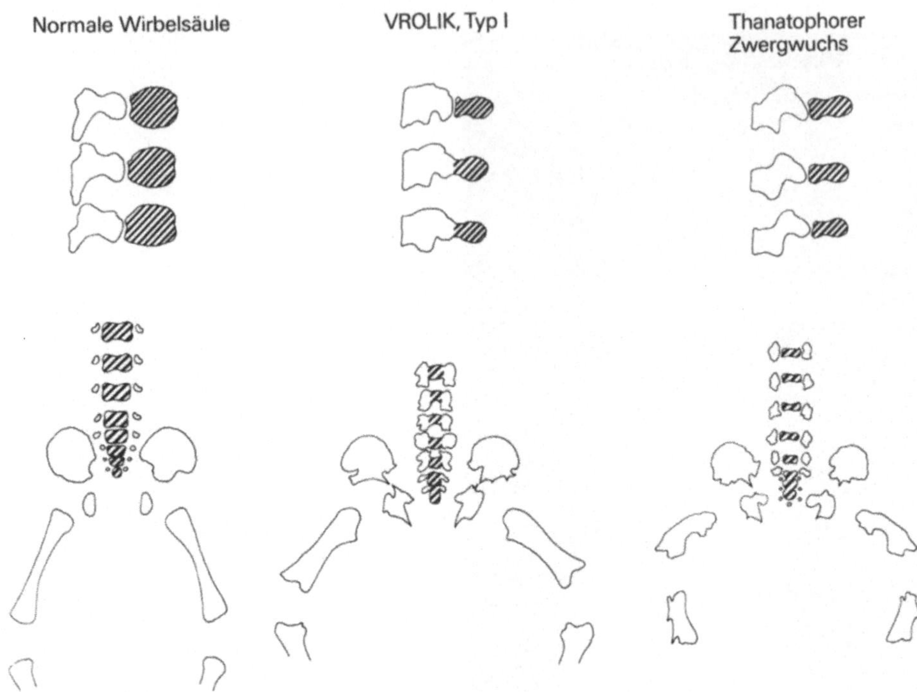

Abb. 71. Wirbelsäule, Becken und lange Röhrenknochen beim Normalfall, beim Vrolikschen Typ des Kleeblattschädel-Syndroms und beim thanatophoren Zwergwuchs

Kontur der Wirbel. Horizontalachse der Darmbeinschaufel so groß wie die Sagittalachse. Unterer Rand der Darmbeinschaufel fast horizontal verlaufend. Verkürzung vor allem des proximalen Abschnittes der Extremitäten. Verbiegung der Längsachse des Femur in der Frontalebene (Abb. 69). Nur angedeutete, unregelmäßige Säulenbildung von Knorpelzellen in der ursprünglichen Knochenknorpelgrenze. Unterbrechung der rudimentären Säulenbildung an mehreren Stellen durch Bindegewebe.

Hier sind alle Kriterien enthalten, wie sie von Maroteaux et al. (1967) aufgeführt wurden (vgl. Abb. 71).

VIII. Entwicklungsgeschichte

Zum Verständnis der Morphogenese von Mißbildungen ist die Kenntnis der „Normalentwicklung“ notwendig. Wir folgen bei der Darstellung der „Normalentwicklung“ BLECHSCHMIDT (1974), VAN LIMBORGH (1970), STARCK (1965) und THEILER (1963). Bei eigenen röntgenologischen Untersuchungen an Embryonen, Feten und Neugeborenen beurteilten wir die Knochenkerne, die Nähte und die Synchondrosen, sowie die Anordnung der Knochenbälkchen in der Kalotte.

Die vordere Schädelbasis wird von einem Mesenchym ektodermaler Herkunft abgeleitet. Die hintere Schädelbasis wird dagegen ebenso wie der weit überwiegende Teil des schädelfernen Skelets einem Mesenchym mesodermaler Herkunft zugeordnet. STARCK (1965) gibt eine primäre Dreigliederung des Wirbeltierkörpers an:

1. eine Vorderkopfregion mit Nasen, Augen, Prosencephalon und Trabekel,
2. eine Hinterkopfregion mit Rhombencephalon, Kiemendarm, Labyrinth und hinterer Basis, und
3. eine Rumpf-Schwanz-Region mit Wirbelsäule, metameren Gebilden der Leibeswand, im ventralen Bereich Coelom mit Rumpfdarm und Anhangsorganen.

In Anlehnung an diese Einteilung lassen sich die Kopfmißbildungen in zwei große Gruppen unterscheiden (STARCK, 1965), die cyclope und die otokephale Reihe. Die cyclope Reihe zeigt Störungen im rostralen Bereich (vorderstes Kopf-Darm-Gebiet, Nase, Augen, Vorderhirn, vordere Schädelbasis). Bei der otokephalen Gruppe ist dagegen das Zentralnervensystem meist nicht verändert. Störungen finden sich im Bereich des Kieferbogens, des Ohres, der Ohrkapsel und des hinteren Schlundgebietes.

Die Knochenentwicklung der Schädelbasis beginnt in der knorpelig praeformierten Pars supraoccipitalis bei 30 mm langen Embryonen und schreitet langsam nach vorn fort; die Pars exoccipitalis verknöchert mit 37 mm, die Pars basioccipitalis mit 51 mm, das Basisphenoid mit 65 mm, das Praesphenoid mit 90 mm (vgl. STARCK, 1965).

Die Basis ist zum größten Teil knorpelig vorgebildet und besteht deshalb im wesentlichen aus Ersatzknochen. „Die ersten Knochenkerne entstehen meist nicht in den zuerst gebildeten Knorpelkernen, weder örtlich noch zeitlich ist eine strikte Korrelation zwischen Knochen- und Knorpelbildung zu beobachten. Während der erste Knorpel im Basioccipitale auftritt, erfolgt die erste Ersatzknochenbildung im Supraoccipitale“ (THEILER, 1963).

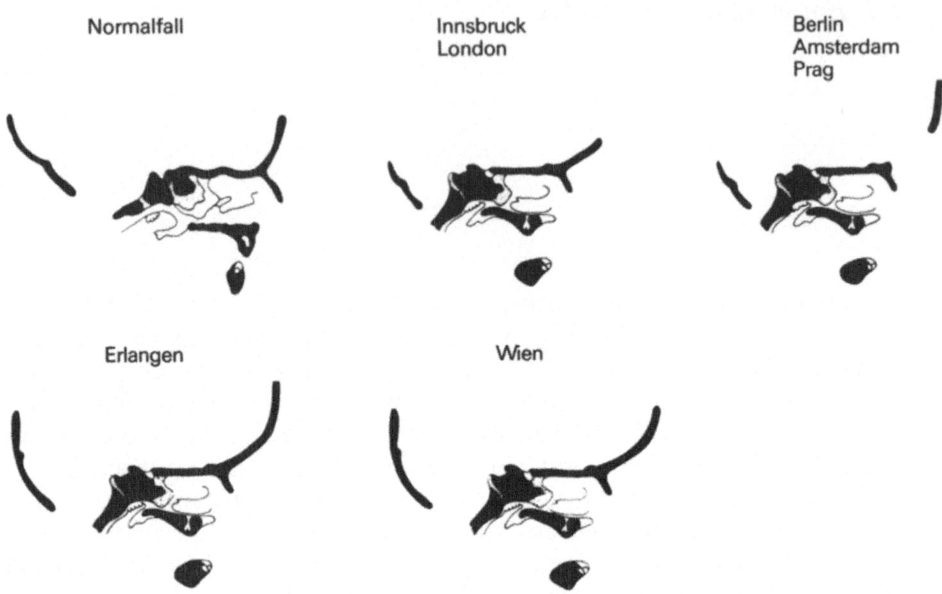

Abb. 72. Längsschnitt durch die Schädelbasis

Verengung der Fugen bei den Fällen aus *Innsbruck, London, Berlin, Amsterdam, Prag* und *Erlangen* und zumindest teilweise auch dem aus *Wien*.
Verkürzung speziell der mittleren und hinteren Schädelbasisabschnitte, insbesondere bei den Fällen aus *Innsbruck, London, Berlin, Amsterdam* und *Prag*, weniger bei dem aus *Erlangen (Wien?)*.
Verkürzung der Squama occipitalis bei den Fällen aus *Innsbruck, London, Berlin, Amsterdam* und *Prag*.
Altersentsprechende Länge der abnorm steil gestellten Squama occipitalis bei dem *Erlanger* Fall.
Schema, in Anlehnung an ELSNER 1939

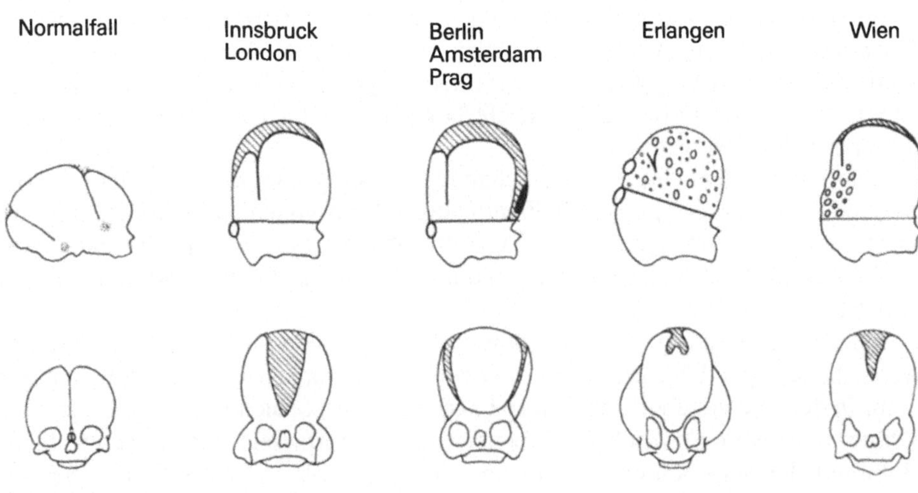

Abb. 73

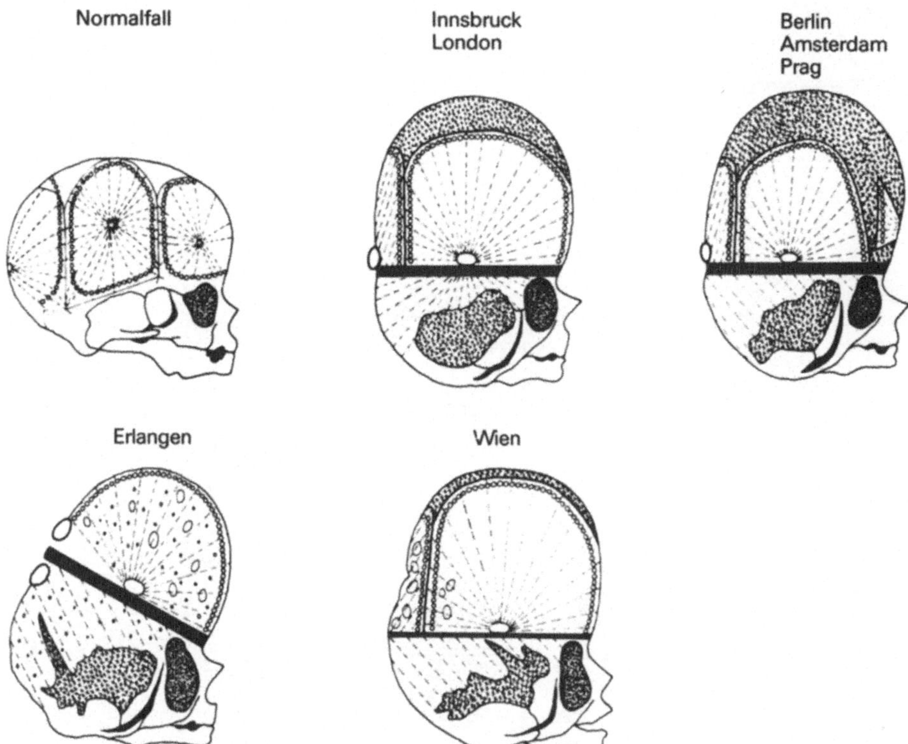

Abb. 74. Spannungslinien. 5 Spannungszentren in der Kalotte beim Normalfall. Je eines in dem rechten und linken Tuber frontale und parietale sowie im Hinterhaupt.
Bei dem *Innsbrucker* und dem *Londoner* Fall (Typ I) je ein Spannungszentrum in der lateralen und in der Mitte der hinteren Kalotte. Vordere Begrenzung der lateralen oberen Kalotte in der unteren Stirnmitte.
Bei dem *Berliner*, dem *Amsterdamer* und dem *Prager* Fall (Typ I) je ein Spannungszentrum in der Stirn (rudimentäres Os bifrontale) sowie in der lateralen und hinteren Kalotte.
Bei dem *Erlanger* Fall ein Spannungszentrum in der lateralen Kalotte und mehrere (Spannungszentren) in der hinteren oberen Kalotte. Laterale obere Kalotte bis in die Stirnmitte reichend.
Bei dem *Wiener* Fall ein Spannungszentrum in der lateralen Kalotte und mehrere (?) in der hinteren oberen Kalotte. Laterale obere Kalotte bis in die Stirnmitte reichend. In Anlehnung an KOKOTT (1932)

◁ Abb. 73. Schädelform beim Normalfall, dem *Innsbrucker* und *Londoner* (Typ I), dem *Berliner*, dem *Amsterdamer*, dem *Prager* (Typ I), dem *Erlanger* (Typ II) und dem *Wiener* Fall. Bei dem *Innsbrucker* und dem *Londoner* Fall (Typ I) ragt die laterale obere Kalotte bis in die untere Stirnmitte. In der Stirnmitte erstreckt sich ein nach oben offener keilförmiger, knochenfreier Bezirk. Bei dem *Berliner*, dem *Amsterdamer* und dem *Prager* Fall ragt die laterale obere Kalotte bis in die laterale Stirnregion. In der Stirnmitte erstreckt sich bei diesen Fällen ein rudimentäres Os bifrontale. – Knochenfreie pergamentähnliche Bezirke schraffiert, Os bifrontale schwarz, Hinterhauptsverbildung kreisförmig, Crista orbito-parieto-occipitalis horizontal.
Bei dem *Erlanger* (Typ II) und dem *Wiener* Fall (nicht typisch) ragt die laterale obere Kalotte bis in die Stirnmitte. Innerhalb der Kalotte mehrere kreisförmige knochenfreie Bezirke (Zusammenhang zu Gefäßen?). Kreisförmige bzw. ovaläre Defektbildungen im Medianbereich des Hinterhauptes oberhalb der Pars interparietalis des Os occipitale bei dem *Erlanger* Fall

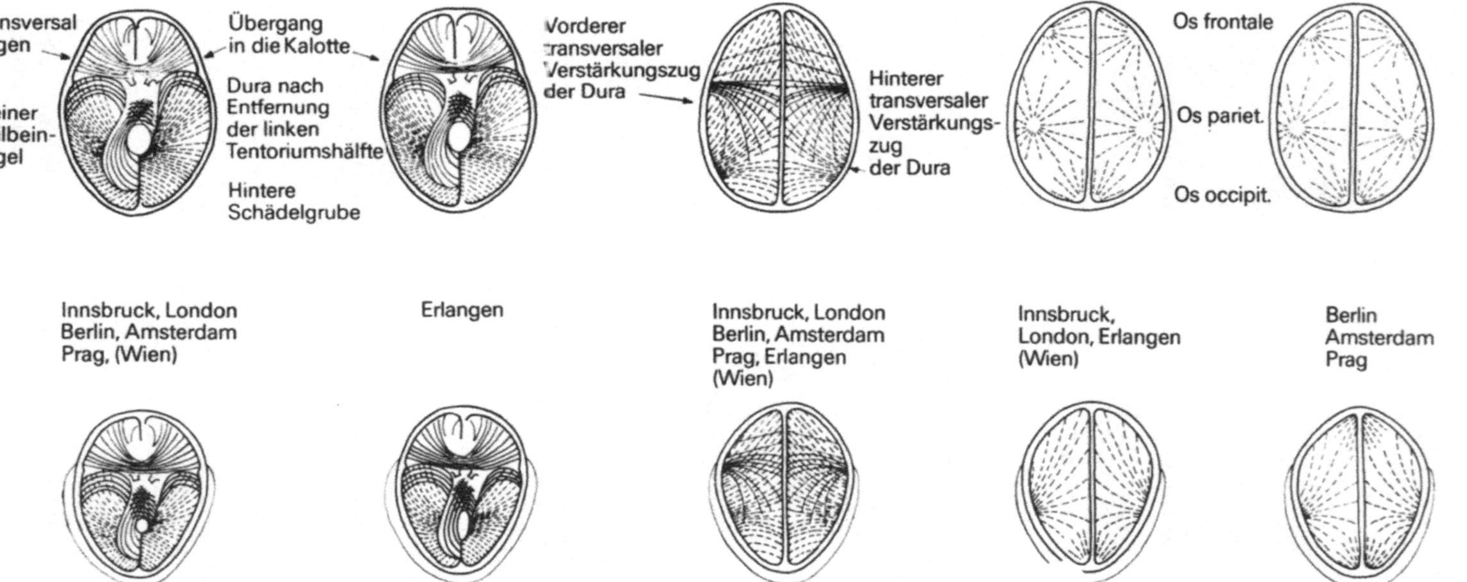

Abb. 75. Spannungsverhältnisse. *Normalbefund in der oberen Reihe*

Zwei Bilder links oben: Spaltlinien der Dura bei einem Fetus von 15 cm Länge. Rechtwinkelige Kreuzung der Felsenbeinpyramide durch oberflächliche Durafasern. – „Transversalbogen" der Dura vorn parallel zu dem kleinen Keilbeinflügel – nach lateral Übergang in die laterale Kalotte. – *Bild in der Mitte oben:* Spaltlinien in der Schädelbasis bei einem Fetus von 15 cm Scheitel-Steiß-Länge. Hier paralleler Verlauf zwischen den tieferen Durafasern und der Schädelbasis. Übergang des vorderen transversalen Verstärkungszuges der Dura lateral in die Kalotte. Übergang des hinteren transversalen Verstärkungszuges der Dura in die laterale obere Kalotte. – *Zwei Bilder rechts oben:* 5 Spannungszentren in der Kalotte. Je 2 in den Ossa frontalia und in den Ossa parietalia sowie eines in der Protuberantia occipitalis.

Untere Bildreihe: Dünne angedeutete Randlinie entspricht der Begrenzung der dünnen Knochenlamelle unterhalb der Crista orbito-parieto-occipitalis. – *Zwei Bilder links unten:* u. a. Verkürzung und Verschmälerung des Foramen occipitale magnum. Verkürzung vorwiegend der hinteren und im geringeren Ausmaß auch der mittleren Schädelgrube bei den Fällen aus *Innsbruck, London, Berlin, Amsterdam* und *Prag* sowie evtl. auch dem aus *Wien*. Verschmälerung des Foramen occipitale magnum bei dem *Erlanger* Fall. – *Bild in der Mitte unten:* Spaltlinien in der Schädelbasis bei den Fällen aus *Innsbruck, London, Berlin, Amsterdam, Prag, Erlangen* und evtl. dem aus *Wien*. – *2 Bilder rechts unten:* 2 große Spannungszentren in der Kalotte bei den Fällen aus *Innsbruck, London, Erlangen* und *Wien*. 4 Spannungszentren bei den Fällen aus *Berlin, Amsterdam* und *Prag*. Zeichnungen in Anlehnung an DEGGELER, 1942

Die Synchondrosis intersphenoidalis verschmilzt knöchern zum Zeitpunkt der Geburt, die Synchondrosis spheno-occipitalis bei 18 Jahre alten Personen, die Synchondrosis intraoccipitalis anterior (zwischen Pars ex- und Pars basioccipitalis) im Alter von 4 Jahren (AUGIER, zit. nach STARCK, 1965); die Synchondrosis intraoccipitalis posterior (zwischen Pars ex- und Pars supraoccipitalis) mit 2–3 Jahren (AUGIER, GROB, zit. nach THEILER, 1963). Die Knorpelfugen zwischen den drei großen Knochenterritorien scheinen die Rolle von Epiphysenscheiben zu spielen. Sie werden mit den großen Extremitätengelenken verglichen. Das Längenwachstum der Basis erfolgt durch interstitielles Wachstum in den knorpeligen Zonen und durch knöchernen Anbau in den Fugen (STARCK, 1965).

Die mesenchymale Dura umgibt das wachsende Gehirn mit verfestigten Abschnitten, den sogenannten Duragurten (vgl. BLECHSCHMIDT, 1974). Das Gehirn wölbt sich nach oben zwischen den sogenannten Duragurten in die Dura-Fenster vor. Zwischen den Scheiteln der Duragurte bleiben die Fontanellen „ausgespart". Diese sind also schon angelegt, bevor sich die knöchernen Skeletstücke des Schädeldaches bilden (BLECHSCHMIDT, 1974) (vgl. Abb. 74, 75).

Das Os frontale entwickelt sich bei 25 mm langen Embryonen. Die Interfrontalnaht bleibt bis zum Ende des 1. oder bis ins 2. Lebensjahr erhalten.

Die Formgebung des Desmocraniums erfolgt unter anderem durch Einflüsse von seiten des wachsenden Gehirns und des Chondrocranium (vgl. VAN LIMBORGH, 1970). Die Bälkchenarchitektur der wachsenden Kalotte spiegelt die herrschenden Zug- und Spannungskräfte wider. Die Punkte maximaler Krümmung stellen Punkte stärkster Spannung dar (DEGGELER, 1942; KOKOTT, 1933; TÖNDURY, 1942). Umgekehrt ergibt sich bei Formanomalien der Schädelkalotte die Frage, ob schon zeitlich früher primäre Anomalien der Schädelbasis vorlagen, die dann sekundär über abnorme Spannungsverhältnisse zu Fehlkonfigurationen führten, oder ob Anlagestörungen in der Gefäßarchitektur die Verknöcherung entscheidend beeinflußten (vgl. Abb. 72–75).

IX. *Entwicklungsablauf bei der Entstehung der verschiedenen Typen des Kleeblattschädel-Syndroms*

1. *Wechselbeziehungen zwischen dem Wachstum der Schädelbasis, des Gehirns und der Kalotte*

Bei unseren Überlegungen zur Morphogenese beziehen wir uns überwiegend auf diejenigen Fälle des Kleeblattschädel-Syndroms des Vrolikschen und Loschgeschen Typs, die wir selbst untersuchen konnten und vergleichen mit dem von HOLTERMÜLLER und WIEDEMANN (1960) beschriebenen Kind. Primäre Anomalien des zentralen Nervensystems fehlen (vgl. Kap. VI, 1). Unsere Überlegungen basieren in erster Linie auf dem vergleichenden röntgenologischen Studium der Knochenbälkchenstruktur, der Gefäßarchitektur, der Größe der verschiedenen Schädelbasisabschnitte, der Weite der Synchondrosen in der Schädelbasis sowie der Weite des Foramen occipitale magnum und des Foramen jugulare unserer Fälle gegenüber der Normalentwicklung.

Die mesektodermal entstandene vordere Schädelbasis weist entweder sekundäre oder evtl. auch primäre Verformungen auf, die jedoch überwiegend für die Gestaltung der Kalotte unwichtig sind, z.B. Gaumenspalte, hoher Gaumen usw. Die Vorderkopfregion dürfte hier also nebensächlich sein.

Die mangelhafte Ausprägung der Wachstumszonen, d. h. die Insuffizienz des wachsenden und sich differenzierenden Knorpels führt zu einer Verkürzung der mittleren und hinteren Schädelbasis (mesodermales Mesenchym) beim Vrolikschen und Loschgeschen Typ mit der Verminderung des Knochenwachstums und der Verengung der Synchondrosen und des Foramen occipitale magnum sowie des Foramen jugulare. Hieraus resultiert eine sekundäre Abflußstörung auf dem venösen Sektor mit einer Erweiterung von Emissarien insbesondere in der hinteren Kalotte und wahrscheinlich auch eine Liquorabflußstörung. Dabei muß sich die venöse Abflußstörung auf das gesamte regionäre Abstromgebiet ausdehnen. Mit der somit schon früh kompensatorischen nach oben – und in der mittleren Schädelgrube auch nach lateral-caudal betonten Ausdehnung des Gehirns – entstehen abnorme Spannungsverhältnisse, die ihrerseits wieder die Formgebung der „Duragurte" (vgl. BLECHSCHMIDT, 1974) beeinflussen. Die Ausbildung der desmalen Kalotte wurde insbesondere im hinteren oberen Bereich hinsichtlich der Richtung der Knochenbälkchen und deren Dicke sowie der dort befindlichen Venen gestört. Das normalerweise in der lateralen oberen Kalotte – dem Tuber parietale – gelegene Spannungszentrum wird nach caudal an den oberen Rand des occipito-lateralen Schenkels der Crista orbito-parieto-occipitalis verlagert (vgl. diagnostisches Schema Kap. VI, 2; Kap. V). Das normalerweise in der vorderen oberen Kalotte gelegene Spannungszentrum – das Tuber frontale – wird bei dem *Berliner,* dem *Amsterdamer* und dem *Prager* Fall in die Stirnmitte verlagert und es kommt zur Ausbildung eines rudimentären Os bifrontale. – Bei dem *Erlanger*, dem *Innsbrucker*, dem *Londoner* und dem *Wiener* Fall läßt sich kein dem Tuber frontale entsprechendes Spannungszentrum mehr lokalisieren; hier reicht die laterale obere Kalotte bis weit in die Stirn. Das normalerweise in der hinteren Kalotte in der Protuberantia occipitalis gelegene Spannungszentrum lokalisieren wir bei dem Kleeblattschädel-Syndrom zumindest teilweise in die occipitale Vereinigungsstelle der beiden Schenkel der Crista orbito-parieto-occipitalis. Ein Punkt erhöhter Spannung dürfte weiter in dem Übergangsbereich der Pars supra- und der Pars interparietalis des Os occipitale liegen.

Die lateral gelegenen Spannungszentren werden mit der Stirn und der hinteren Kalotte über die Crista orbito-parieto-occipitalis miteinander verbunden (vgl. Abb. 73, 74).

In welchem Ausmaß neben der Verkleinerung des Foramen jugulare (vgl. Welter, 1936) mit der sicher sekundären Blutabflußstörung die weiteren autonomen zusätzlichen Gefäßfaktoren der Kalotte beim Loschgeschen und Vrolikschen Typ eine Rolle spielen, können wir nicht entscheiden.

Die Defektbildungen in der vorderen lateralen und hinteren oberen Kalotte beim Loschgeschen Fall dürften ebenso wie der ausgesprochene Porenreichtum mit der Ausbildung eines bimssteinähnlichen Musters besonders in der hinteren oberen Kalotte primär durch die Gefäße bedingt sein. In teilweisem Gegensatz dazu wirkt sich beim Vrolikschen Typ mit der Verkürzung der Pars inter- und Pars supraoccipitalis der Gefäßfaktor vorwiegend in der hinteren Kalotte aus.

Da beim thanatophoren Zwergwuchs und bei der Achondroplasie die Synchondrosen ebenso wie das Foramen occipitale magnum verengt sind und auch dort das Längenwachstum der Schädelbasis vermindert ist – dort aber keine Kleeblattform entsteht, können wir den entscheidenden morphogenetischen Faktor beim Vrolikschen Typ nicht allein in einer quantitativen oder qualitativen Fehlentwicklung des Säulenknorpels sehen.

Eine derartige ausgeprägte Fehlstellung der Pyramiden nach caudal und gleichzeitig nach medial wie beim Vrolikschen und Loschgeschen Typ kommt beim thanatophoren Zwergwuchs und bei der Achondroplasie nicht vor. Es bestehen also Unterschiede im Verlauf der Spannungslinien in der mittleren und hinteren Schädelbasis.

Die Unterschiede in der Stellung der Pyramiden im Vergleich zur Achondroplasie und zum thanatophoren Zwergwuchs dürften mit einer unterschiedlichen „Antwort" der Schädelbasis auf den „Druck" des wachsenden Gehirns zurückzuführen sein. Wir postulieren im Hinterkopf und dem Schädel-Rumpf-Bereich einen speziellen „Knorpelfaktor", den wir zeitlich und örtlich vor die Differenzierung zum Säulenknorpel lokalisieren. In der mittleren und hinteren Schädelbasis muß eine primär gestörte Gefäßarchitektur – entsprechend einem „Gefäßfaktor" – eine Rolle spielen. Unsere Röntgenaufnahmen des eigenen *Berliner* Falles und des Loschgeschen Falles stützen eine derartige Vermutung.

Bonucci und Nardi (1972) fanden in der organischen Knochenmatrix aus der Knorpelknochengrenze der Rippen: „In der Nähe der vorläufigen Verkalkungszone, die aus einem irregulären Netzwerk von dünnen kollagenen Fibrillen bestand, eine Trennung durch breite interfibrilläre Räume." Diese Matrix sah so ähnlich aus wie bei dem normalen Knorpel in der Nähe der „vorläufigen Verkalkungszone". Die Unterschiede schienen sich auf die ungewöhnlich große Schwankungsbreite in der Dicke der kollagenen Fibrillen zu beziehen. Ferner imponierte eine ungewöhnlich große Zahl von interfibrillären, osmiophilen, runden membrangebundenen Körperchen, einige enthielten kleine Büschel von Apatitkristallen. Da es sich hier um einen Fall des Vrolikschen Typs handelte, könnte dieser Befund auch ein Begleitphänomen repräsentieren, das mehr auf die generalisierte verminderte enchondrale Ossifikation zurückzuführen ist, als um einen für die Morphogenese des Kleeblattschädels wichtigen Einzelbefund.

Die von cranial nach caudal abnehmende Verknöcherungstendenz der Ankylosen in den großen Extremitätengelenken beim Typ II spricht ebenfalls für einen speziellen Faktor im Bereich des Knorpelwachstums und der Knorpeldifferenzierung, der sich hier auf die Ausbildung der Gelenkspalten auswirkte. Dieser „Knorpelfaktor" kann sich auch in den Mittelohrknöchelchen und dem Zungenbein manifestieren, wie bei dem von LOSCHGE beschriebenen Fall. Da die Synchondrosis intersphenoidalis und die Synchondrosis spheno-occipitalis mit den großen Gelenken entwicklungsgeschichtlich verglichen werden, halten wir gemeinsame morphogenetische Mechanismen bei der Entstehung der vorzeitigen Verknöcherungen bzw. der Ankylosierung für möglich.

Jetzt ergibt sich die Frage nach Fällen mit regelrechtem Längenwachstum und altersentsprechender Größenentwicklung der Gelenkspalten am schädelfernen Skelet, aber mit Verkürzungen im Bereich der Schädelbasis und gleichzeitiger isolierter Verschmälerung der dortigen Synchondrosen.

Bei derartigen Fällen würde es sich also um eine hochselektive Auswirkung des „Knorpel"- und „Gefäßfaktors" im Gebiet der Hinterkopfregion handeln. Die Ausbildung der Kleeblattform ließe sich dann mit evtl. noch zusätzlich in der Kalotte zu lokalisierenden Gefäßeinwirkungen weitgehend als sekundär erklären. Wir haben derartige vollständig erhaltene Fälle nicht selbst gesehen und kennen auch keine detaillierten Beschreibungen aus der Literatur. Allenfalls ließe sich der *Prager* Schädel hier einordnen. Die Verengungen der Synchondrosen sind hier besonders gut zu erkennen, da das schädelferne Skelet abgetrennt wurde. Da wir aber keine Angaben über das schädelferne Skelet besitzen, bleibt die Zuordnung dieses Falles zu einem bestimmten Typ offen.

Es bleibt noch die Deutung der zwei von LIEBALDT (1964) beschriebenen Fälle, einmal um den II. und einmal um den III. Typ (vgl. Tabelle, S. 110–115). Da LIEBALDT (1964) bei seinem I. Fall (Typ III) eine „Chondrodystrophie" ausdrücklich ausschloß, kann der entscheidende Faktor nicht innerhalb des Säulenknorpels liegen. LIEBALDT (1964) schreibt: „Im Bereich der Schädelbasis (vorwiegend Chondrocranium) ist die hintere Schädelgrube regelrecht ausgebildet, die mittlere Schädelgrube zeigt nach dorsal eine entsprechende Begrenzung durch die Felsenbeine, während die vordere Schädelgrube und die Orbitae stark verkürzt unmittelbar in den Gesichtsschädel übergehen. . . . Der Clivus fällt steil ab. Am großen Hinterhauptsloch keine Besonderheiten. Das Foramen jugulare vorhanden und gut sondendurchgängig."

Hinsichtlich der röntgenoskopischen Untersuchungen schreibt LIEBALDT (1964): „Schädelbasis gesenkt und verkürzt mit relativer Vergrößerung der vorderen Fossa cranii. Mittlere Schädelgrube erheblich seitlich verbreitert."

Die hochgradige Verlagerung der Ohren nach unten sehen wir als zwangsläufige Folge einer verstärkten Neigung der Pyramiden nach caudal an. Wir können dies ebenso wie die Ausweitung der mittleren Schädelgrube nach lateral nur zum Teil als Folge des verstärkten Hirndrucks deuten. Wir vermuten hier eine besondere „Antwort" der wachsenden Basis im Gebiet der Fugen zwischen der Pars petrosa des Os temporale und dem hinteren Keilbein sowie der Pars petrosa des Os temporale und der Pars exoccipitalis des Os occipitale. Diese „Antwort" könnte sehr wohl auf einen besonderen „Knorpelfaktor" zurückzuführen sein. Für einen evtl. „Gefäßfaktor" in der Basis gibt es in den Unterlagen LIEBALDT's (1964) keine Hinweise. (Hinsichtlich des „Knorpelfaktors" vgl. S. 117.)

In den „erweiterten Markräumen" im Bereich des „Fontanellenknochens", die wir weiter vorn schon erwähnten (Kapitel VI), sah LIEBALDT (1964) bei seinem I. Fall Reste eines persistierenden embryonalen Gefäßnetzes.

Wir können hier primäre „Gefäßfaktoren" und sekundäre Auswirkungen nicht sicher unterscheiden. Die Verformung der Kalotte betrachten wir überwiegend als Folge der während des Wachstums gestörten Spannungsverhältnisses (vgl. S. 117).

Der zweite Fall von LIEBALDT (1964) (vgl. Tabelle, S. 110–115) besaß eine verkürzte vordere Schädelgrube. „Die mittlere und hintere Schädelgrube mit den Felsenbeinen sind regelrecht geformt ... Der Clivus ist nach unten ausgewölbt ..." Die Beschreibung der Hinterhauptsverbildung haben wir weiter vorn (Kap. VI, 2) erwähnt. Als Begleitanomalien gab LIEBALDT (1964) hier die Synarthrosen beider Ellenbogengelenke, eine Hüftgelenksluxation beiderseits nach dorsal sowie eine Luxation der 2. Zehe links im Grundgelenk und eine Luxation des Os coccygis mit Sakralisation sowie eine Lageanomalie des Darmes an. LIEBALDT (1964) stellte in den zwei Fällen die Gefäße in der wachsenden Kalotte bei der Entwicklung der Kleeblattform als primäre Faktoren stark in den Vordergrund und betrachtete alle anderen Normabweichungen weitgehend als Begleit- oder Sekundärphänomene.

LIEBALDT (1964) vermutete „eine Persistenz des ursprünglichen embryonalen Gefäßplexus im Bereich des *desmal* verknöchernden Schädel*daches"*. „Die Persistenz des embryonalen Gefäßplexus im Bereich des noch primitiven Schädeldaches geht zudem mit einer *abnormen Spannungsverteilung* des desmal-periostalen und mesenchymalen Gewölbesystems im Kalottenbereich einher."

Geht man davon aus, daß LIEBALDT (1964) mit dem Begriff „Fontanellenknochen" einen Knochen bezeichnen wollte, der eine fontanellenartige Öffnung besitzt, so stößt man auf Verständnisschwierigkeiten, weil in dieser trompetenförmigen Öffnung – hier kleine Fontanelle – weder Nähte einmünden, noch Nahtsynostosen zu sehen sind. Unter „Fontanellenknochen" werden Knochen am Ort der kleinen Fontanelle (BURKHARDT, 1970) (vgl. auch MEYER, 1924) oder großen Fontanelle verstanden. Wir halten die Übernahme des Begriffes „Fontanellenknochen" für unzweckmäßig, da es sich eben nicht um einen irgendwie sekundär oder primär abnorm gestalteten Knochen am Ort der kleinen Fontanelle handelt (vgl. Kap. V und VI).

Tabelle mit allen uns bekanntgewordenen Fällen

Autoren	Jahr	Ort	Alter	Geschlecht	Typ			Kleeblattform zumindest angedeutet			Sonstige Fälle aus dem weiteren Formenkreis	Untersuchungsmethoden
					I	II	III	a	b	c		
Loschge (1788), 1795	1800	Erlangen	38 T.	w.		+(z)						A CDE
Rudolphi	1825	Berlin	23 T.								+?	A C
Steinmetz	1833	Hosa	9 J.	m.			?			+		A
Vrolik (Fall Weisz)	1849	Amsterdam	p.	m.	+							A CDEF
Vrolik (Fall van der Boon)	1849	Zaandam	16 W.							+		A
	1850	Prag	p.		+(?)							DE
Paget (1831–1851) = Bowlby = Shore = Gates = Lenz = Partington et al.	1851 1884 1929 1958 1964 1971	London	p.		+							CDEF
Gruber II (aus der Zeit Rokitanskys	1926	Wien, Narrenturm	p.					+(?)				C
Smith, M.	1880	Zürich	p.	w.	+							A CD
Schott	1881	Innsbruck	p.		+							A CD
Meyer, I	1911	Berlin	p.	m.	+z							A CD
Meyer, II	1924	Berlin	p.	w.	+z							A CD
Gruber (I) = Haslhofer	1925 1969	Innsbruck	p.		+							CDEF
Dietrich-Weinnoldt	1925	Mannheim	p.		+							CD
Gruber II	1926	Linz	p.	w.					+			A CD
Gruber II	1926	Hinweis von Gött, Bonn	6 M.	w.							+?	A

Tabelle mit allen uns bekanntgewordenen Fällen (Fortsetzung)

Autoren	Jahr	Ort	Alter	Geschlecht	Typ			Kleeblattform zumindest angedeutet			Sonstige Fälle aus dem weiteren Formenkreis	Untersuchungsmethoden
					I	II	III	a	b	c		
Welter	1936	Göttingen (Präp. aus Ostpr.)	p.	w.	+							ABCD
Elsner	1939	München	2 T.	m.		+z						ABCD
Krauspe (Fall 1, Abb. 8, 13, 14)	1958	Hamburg (Präp. aus Ostpr.?)	p.	w.	+							ABCD
Krauspe (Fall 2, Abb. 9, 11, 12)	1958	Hamburg (Präp. aus Ostpr.?)	11 W.	w.			+?					ABCD
Shiller, J. G. = Hall	1959 1972	Norwalk, Connecticut	< 4 M.	m.							+	ABCD
Holtermüller u. Wiedemann = Liebaldt I	1960 1964	Saarbr.-Krefeld	$4^1/_2$ M.	m.			+					
Mason, J. N.	1961	Oklahoma							+			
Weingärtner (1. Fall)	1961	Halle-Wittenbg.	p.	w.							+	ABCD
Weingärtner (2. Fall)	1961	Halle-Wittenbg.	4 M.	w.		+z						A
Lenz (1946)	1964	Hamburg				+(z)						
Liebaldt (1. Fall) = Holtermüller und Wiedemann	1964 1960											
Liebaldt (2. Fall)	1964	(Töndury, Zürich)	p.	w.		+z						A D
Comings	1964	Seattle Washingt.	< 4 M.	w.		+z						AB
Büttner	1965	Magdeburg	4 W.	m.		+z						ABCD
Liebaldt (3. Fall)	1966	(Sammlg. v. Ostertag)					+(?)					CD

Tabelle mit allen uns bekanntgewordenen Fällen (Fortsetzung)

Autoren	Jahr	Ort	Alter	Geschlecht	Typ I	Typ II	Typ III	Kleeblattform zumindest angedeutet a	b	c	Sonstige Fälle aus dem weiteren Formenkreis	Untersuchungsmethoden
ANGLE et al. (1. Fall)	1967	Nebraska u. Omaha	54 T.	w.					+(?)			ABCD
ANGLE et al. (2. Fall)	1967	Nebraska u. Omaha	< 11 M.	m.							+(?)	AB
KUCERA (zit. in LENZ)	1966	Prag	p.		+							B F
WOLLIN et al. (1. Fall)	1968	Kingston, Ontario	< 8 J.	m.					+			AB
WOLLIN et al. (2. Fall)	1968	Louisville, Kentucky	< 3 M.	m.		+?						AB
ARBELLO et al.	1968	Madrid	3 T.	w.		+z						ABCD
HASLHOFER = GRUBER I	1968 1925	 Innsbruck										
CASTROVIEJO und COMPANY	1969	Madrid	4 T.	m.		+z						ABCD
MOSCATELLI et al.	1968	Genua	13 M.	m.							+?	AB
AITA (Bild 10, 11) EISEN (zit. AITA)	1969 1969	Omaha, Nebraska	3 J.								+?	A
FEINGOLD et al. (1. Fall)	1969	Boston	< 15 J.	w.							+	AB F
FEINGOLD et al. (2. Fall)	1969	Boston	p.	w.	+							AB
BERNARD	1970	Frankfurt	$5^1/_2$ M.	m.							+	ABCD
KIRKPATRIK und CAPITANO in CHASLER	1970	USA						+(?)				B
BLOOMFIELD	1970	Tasmania	p.	m.	+							ABCD
NAWALKHA	1970	Jodhpur (Indien)	< 6 M.	m.							+	
GRIMM und WUSTMANN	1970	Präp. aus Peru	7 J.								+	C
SCHUCH und PESCH	1971	Erlangen	20 M.	m.							+	ABCD

Tabelle mit allen uns bekanntgewordenen Fällen (Fortsetzung)

Autoren	Jahr	Ort	Alter	Geschlecht	Typ I	Typ II	Typ III	Kleeblattform zumindest angedeutet a	b	c	Sonstige Fälle aus dem weiteren Formenkreis	Untersuchungsmethoden
PARTINGTON et al. = PAGET 1851, BOWLBY 1884, SHORE 1929, GATES 1958, LENZ 1964	1971	London										
PARTINGTON et al. 1. Fall von Derby	1971	1. Fall v. Derby	p.	w.	+							ABCD
PARTINGTON et al. 2. Fall von Derby	1971	2. Fall v. Derby	p.	w.	+							ABCD
PARTINGTON et al.	1971	Kingston, Ontario	p.	m.	+							ABCDE
ROSENBAUM und WEISSKOPF	1971	Louisville, Kentucky	3 T.	m.		+						ABCD
GORLIN und SEDANO	1971	Minneapolis	p.								?	
RYAN und KOZLOWSKI	1971	Sydney, Australien	p.		+(?)							AB
NEUMÄRKER und NEUMÄRKER	1972	Berlin	< 6 J.	m.							+	AB
BONUCCI und NARDI	1972	Rom	p.	w.	+							ABCD
HALL = SHILLER	1972 1959	Norwalk, Connecticut									+	AB
FLENSBORG	1972	Kopenhagen	3 J.								+	A
ARSENI et al. (I. Fall)	1972	Bukarest	3 W.	w.			+					AB D
ARSENI et al. (II. Fall)	1972	Bukarest	6 J.	w.					+			AB
ARSENI et al. (III. Fall)	1972	Bukarest	3 M.	m.							+	AB
YOUNG et al. 1. Fall	1973	Brooklyn, New York	48 St.	w.	+(?)						+(?)	AB
YOUNG et al. 2. Fall	1973	Brooklyn, New York	p.	m.	+							AB

Tabelle mit allen uns bekanntgewordenen Fällen (Fortsetzung)

Autoren	Jahr	Ort	Alter	Geschlecht	Typ I	Typ II	Typ III	Kleeblattform zumindest angedeutet a	b	c	Sonstige Fälle aus dem weiteren Formenkreis	Untersuchungsmethoden
WATTERS et al.	1973	Pittsbourgh, Pennsylv.	$2^1/_2$ M.	w.		+						AB
SCHMID, F	1973		2 M.	m.					+			AB
RODRIGUEZ-SORIANO et al.	1973	Bilbao	p. (?)	w.							+	ABC
CAMERA et al.	1973	Genua	p.	w.	+							ABCD
GEORMANEANU	1973	Bukarest									+?	A?
PRATS VINAS, J. M. et al. vgl. RODRIGUEZ-SORIANO et al. 1973	1973	Bilbao	3 M.	w.							+z	ABCD
FEINGOLD et al. zit. nach HODACH et al. 1975	1973											
WIDDIG et al.	1974	Berlin	p.	w.	+							A CD
IANNACCONE und GERLINI = BONUCCI und NARDI 1972	1974	Rom	p.	w.	+							AB D
IANNACCONE und GERLINI	1974	Rom	6 J.	w.					+			AB
IANNACCONE und GERLINI	1974	Rom	4 M.	w.		+						AB D
IANNACCONE	1974		p.									
CAMERA und VERRI	1974	Genua	p.	m.	+							ABCD
EATON et al. zit. nach HODACH et al. 1975	1975											
COHEN zit. nach HODACH et al 1975	1975											
WIEDEMANN und OSTERTAG	1975	Regensburg	p.	m.	+							A
REINICKE	1975	Brandenburg	79 T.	w.					+			A CD
HODACH et al.	1975	Fall aus Nürnberg	6 M.	w.						+		ABCD
GATHMANN und MEYER	(1971)	Berlin	p.	m.	+							ABCDEF

◁ *Zeichenerklärung zur Tabelle*

p. Perinataler Tod
m. männlich
w. weiblich
St. Stunden
T. Tage
W. Wochen
M. Monate
J. Jahre
( ) Datum einer früheren Beschreibung

a Keine Anomalien außerhalb des Schädels
b zusätzliche, teilweise asymmetrische Anomalien des Schädelskelets oder des schädelfernen Skelets
c skeletunabhängige Anomalien
z zusätzliche Anomalien bei den Fällen des Typs I–III
< mindestens oder mehr als

A Klinische Beschreibung
B Klinische Beschreibung und Röntgenaufnahme
C Sektionsbefund des Schädels
D Sektionsbefund des gesamten Skelets
E Röntgenaufnahmen des skeletierten Schädels
F Röntgenaufnahmen des gesamten Skelets
○ Eigene Untersuchung

---

2. *Hypothetische Festlegung der von uns postulierten Störfaktoren*

Ein „Knorpelfaktor" zeitlich und örtlich vor der Entstehung des Säulenknorpels mit Hauptlokalisation in der hinteren Schädelbasis sowie ein „Spannungs-" und ein „Gefäßfaktor"

Unsere Auffassung zur Morphogenese mit der Bedeutung der einzelnen Faktoren haben wir in einzelnen Schemata niedergelegt (Abb. 72, 73, 74, 75, 77). In den Vordergrund stellen wir einen primären „Knorpelfaktor" in der mittleren und hinteren Schädelbasis. Dieser „Knorpelfaktor" muß zeitlich und örtlich vor der Entstehung des Säulenknorpels lokalisiert werden (vgl. Schema, S. 117). Möglicherweise tritt gleichzeitig in der Basis noch ein ebenfalls primärer „Gefäßfaktor" auf. Insbesondere die Röntgenbefunde bei dem *Berliner* Fall sprechen für die Bedeutung eines derartigen Gefäßfaktors auch in der Basis. Weitere Gefäßeinflüsse, die ihrerseits sowohl primär als auch sekundär sein können, kommen in der wachsenden Kalotte hinzu. Durch den Druck des wachsenden Gehirns entsteht noch ein „Spannungsfaktor" mit Rückwirkung auf die Basis und die Kalotte. Die sekundär abnormen Spannungsverhältnisse überlagern einen eventuell primär in der desmal wachsenden Kalotte vorhandenen „Gefäßfaktor" derart, daß eine eindeutige Abgrenzung unmöglich wird. Der zahlenmäßige Gefäß- bzw. Porenreichtum speziell in der hinteren Kalotte dürfte primär sein.

Als übergeordnete Prinzipien sowohl für den „Knorpelfaktor" und den „Gefäßfaktor" könnten in einigen Fällen chromosomale Anomalien in Frage kommen, die zu einer Fehldifferenzierung innerhalb des mesodermalen Mesenchyms führen. Partington et al. (1971) berichteten über das Auftreten des Kleeblattschädel-Syndroms bei zwei Geschwistern (the Derby cases). Partington et al. (1971) wiesen auf das relativ häufige Vorkommen des Kleeblattschädel-Syndroms bei Kindern mit deutschstämmigen Vorfahren hin (vgl. Tabelle, S. 110–115 mit Angabe des Orts). Möglicherweise wurde jedoch in den bisherigen Übersichten unbewußt eine selektive Auswahl getroffen, so führten Holtermüller

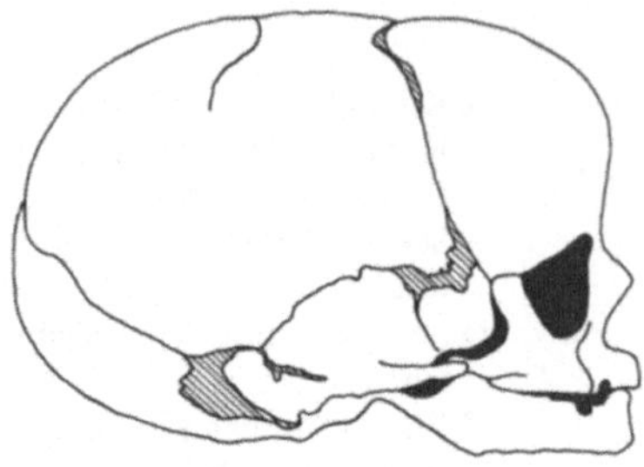

Abb. 76. Normalfall

und WIEDEMANN (1960) in ihrer Aufstellung lediglich VROLIK als den einzigen nicht deutschsprachigen Autor an.

Für die weitestgehende sekundäre Beeinflussung der Kalotte sprechen auch die sekundären Verformungen an *Inkaschädeln*. Dort wurde immerhin einmal eine Kleeblattform gefunden, die sicher auf äußere Einflüsse zurückzuführen ist

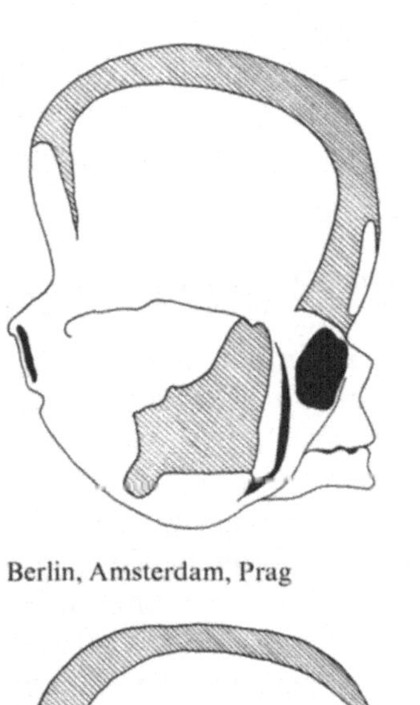

Berlin, Amsterdam, Prag

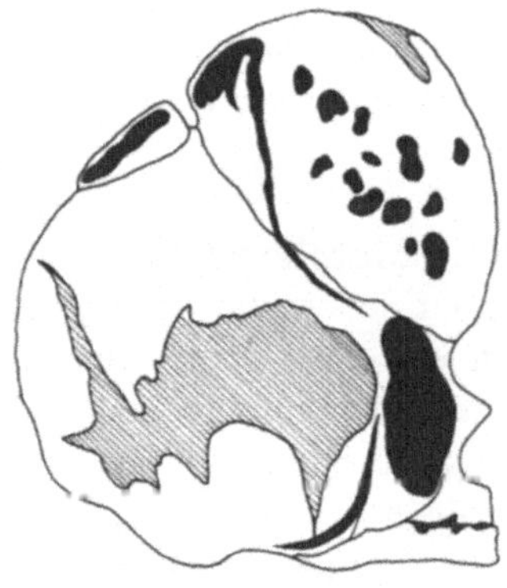

Erlangen

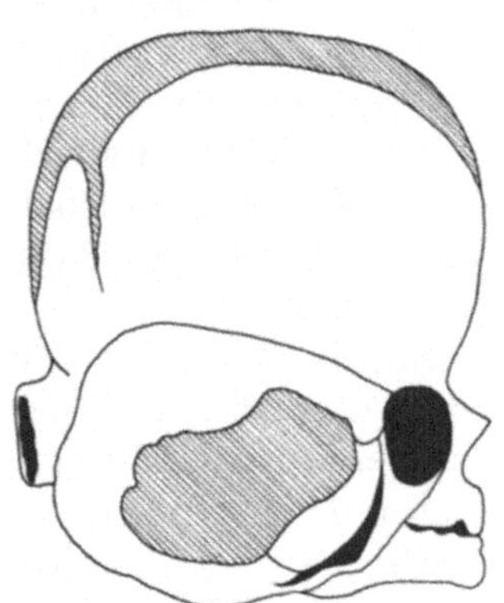

Innsbruck, London

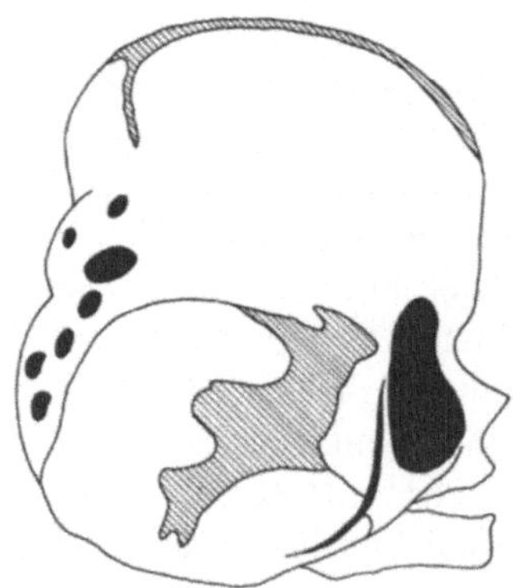

Wien

Abb. 77

Entwicklungsablauf bei der Entstehung der verschiedenen Typen des Kleeblattschädel-Syndroms

	Typ		
	I	II	III
Störung des Vorderkopforganisators	–	–	–
Störung des Hinterkopforganisators	+	+	+
Störung in der Organisation der Rumpf-Schwanz-Region	+	+	–
Zwergwuchs	+	–	–
Ankylosen	–	+	–
Weder Zwergwuchs noch Ankylosen	–	–	+
Verkürzung der mittleren und	+	(+)	
hinteren Schädelgrube	+	+	
Verschmälerung der Synchondrosen	+	+	
↖ ↗ *Knorpelfaktor* ↙			
Verschmälerung und	+	+	
Verkürzung des Foramen occipitale magnum	+	–	
Verkleinerung des Foramen jugulare	+	+	
↖ *Knorpelfaktor* ↓ →			
Steil nach caudal abfallende Pyramiden	+	+	+
mit Verkleinerung des Winkels zur Medianebene	+	+	
Generalisierter *Gefäßfaktor* mit besonderer Bedeutung in der hinteren und	+	+	
derer Bedeutung in der hinteren und	+	+	
mittleren Schädelgrube sowie in der	+	+	
späteren Kalotte	+	+	+
Hydrocephalus mit kompensatorisch	+	+	+
betontem Wachstum des Gehirns nach	+	+	+
oben und innerhalb der mittleren Schädelgrube nach lateral	+	+	+
↓			
Fehlkonfiguration der Kalotte unter Mitwirkung der *Gefäße – Spannungsfaktor*	+	+	+
Ausbildung der Crista orbito-parieto-occipitalis	+	+	+
und der Hinterhauptsverbildung mit zahlreichen Gefäßen	+	+	+
Kleeblattform	↘	↓ +	↙

(Grimm und Wustmann, 1970). Leider besitzen wir hier keine Angaben über die Schädelbasis, so daß die Frage nach Rückwirkungen auf die Basis offen bleibt.

Für die sekundäre Verformbarkeit der Kalotte sprechen auch zwei Beobachtungen von Doerr (1949). Im ersten Fall handelt es sich um ein zwei Jahre alt gewordenes Mädchen mit: „Geburtstraumatischer Encephalopathie mit hochgradiger Zerstörung des ganzen Endhirnes, Ausbildung multipler Cysten und knorpeliger Narben. Haemosiderotisch pigmentierte Fibrose aller Hirnhäute. Praemature Synostose nahezu sämtlicher Schädeldachnähte mit terrassenförmiger Verwerfung der Stirn- gegen die Scheitelbeine im Bereich der Kranznaht. Mikrocephalie. Verdickung des Schädeldaches, Erhaltung der Nähte am Schädelgrund, Schwund der Impressiones digitatae".

Im zweiten Fall handelte es sich um ein nicht ganz drei Wochen alt gewordenes Kind mit: „Terrassenförmigen Schädeldach-Verwerfungen im Bereich von Kranz-Lambdanaht mit Suppression sowohl der Stirn-, als auch der Hinterhauptsbeine unter die Parietalis, Verschiebung des linken Scheitelbeines unter das rechte, häutige Versteifung und Stellungsfixation der Nähte, beginnende Nahtverknöcherung, Schwund der kleinen Fontanelle, Verkleinerung der großen, Ausbildung einer Ersatzfontanelle im Pfeilnahtbereich (Fonticulus obelicus), Impressionskontur der Stirn- und Occipitalhirne im Bereich der Nahtverwerfung, Abplattung der Hirnwindungen, geburtstraumatische Encephalopathie, . . .".

Doerr (1949) betrachtet die Synostosen im allgemeinen nicht als die Ursache, sondern als die Folge einer Schädeldeformation. Für die Ausgestaltung des Schädeldaches kommt dem Gehirnwachstum und der Gehirnreifung eine überragende Bedeutung zu.

X. Vorschläge für den Untersuchungsgang bei weiteren Fällen von Kleeblattschädel-Syndrom

Für die Obduktion weiterer Fälle schlagen wir den unten aufgeführten Untersuchungsgang vor. Besonderes Gewicht legen wir auf den Vergleich zu Normalfällen der gleichen Altersgruppe, die Darstellung der Gefäße und der Spannungsverhältnisse sowie die Untersuchung von Knochen und Knorpel aus definierten Stellen. Hierdurch werden sich die Bedeutungen der von uns postulierten Knorpel- und Gefäßfaktoren überprüfen lassen.

Untersuchungsgang

I. Äußere Besichtigung. Tastbefund, insbesondere im Bereich des Hinterhaupts. Längenbestimmungen der Extremitäten, Prüfung der Beweglichkeit in den großen Gelenken.

II. Röntgen:
1. des gesamten Skelets,
2. der Kalotte und der Schädelbasis, der Nähte und der Fugen (mittlere und hintere Schädelgrube),
3. der Wirbelsäule, Bestimmung der Wirbelhöhe und des Zwischenwirbelraumes, Form der Wirbelkörper;
4. Becken, Bestimmung des Höhen- und des Querdurchmessers des Os ilium.

III. Gefäßdarstellung. Injektion eines Gemisches aus Plastik und Kontrastmittel.
1. Darstellung der Arterien im Bereich der Basis und der Kalotte.
2. Darstellung der Venen im Bereich der Basis und der Kalotte mit Beurteilung des Verteilungsmusters und Größenbestimmung in den Emissarien.
3. Freipräparierung des gesamten schädelfernen Skelets und anschließend evtl. erneut Aufnahmen.

IV.
1. Entnahme des Gehirns aus der vorderen und mittleren Schädelgrube.
2. Entfernung der Dura, Präparation der Kalotte und teilweise auch der Schädelbasis.
3. Untersuchung der Kalotte im durchfallenden Licht. Untersuchung der Spannungslinien.
4. Entnahme des Tentorium cerebelli, nach Darstellung der Sinus.
5. Entnahme des Kleinhirns.

V.
1. Trennung des Schädels von der Halswirbelsäule. Freipräparation der restlichen Schädelbasis.
2. Längshalbierung von Schädelbasis und Kalotte mit anschließend erneuter Röntgenuntersuchung.
3. Längen- und Breitenbestimmung der verschiedenen Schädelbasisabschnitte, Beschreibung von
4. Stellungsbesonderheiten, z.B. Winkel zwischen den Pyramiden und der Medianebene einerseits
5. sowie zwischen den Pyramiden und der Horizontalebene andererseits.

VI. Entnahme von Knochen und Knorpel für licht- und elektronenmikroskopische Untersuchungen aus verschiedenen Abschnitten der Schädelbasis und der Kalotte sowie des schädelfernen Skelets.

Synchondrosis intersphenoidales	Beurteilung quantitativ und qualitativ von:
Synchondrosis sphenobasialis	indifferentem Knorpelwachstum und Differen-
Synchondrosis intraoccipitalis anterior	zierungsvorgängen
Synchondrosis intraoccipitalis posterior	Säulenknorpel
	Blasenknorpel
	Ossifikation

XI. Zusammenfassung

An Hand von ausgedehnten Untersuchungen eines Kindes mit einem Kleeblattschädel-Syndrom und durch vergleichende Studien an mehreren Museumspräparaten wird eine Unterteilung dieses Krankheitsbildes in 3 Typen vorgeschlagen. Als Hauptkriterien für die Einteilung werden das erreichte Lebensalter und die Beteiligung des schädelfernen Skelets verwandt. Der relativ häufige Typ I (VROLIK) wird charakterisiert durch den perinatalen Tod und den Zwergwuchs, der seltenere Typ II (LOSCHGE) durch ein Lebensalter bis zu mehrere Monaten und Ankylosen an den großen Gelenken; der sehr seltene Typ III (HOLTERMÜLLER-WIEDEMANN) ebenfalls durch ein Lebensalter von Monaten aber ohne Zwergwuchs oder Ankylosen. Die von uns untersuchten Fälle des Typs I und II weisen innerhalb der Schädelbasis vorwiegend eine Verkürzung der mittleren und hinteren Schädelgrube mit Verengung der Synchondrosen auf. Wir vermuten in diesem Bereich einen speziellen „Knorpelfaktor“ neben einem evtl. zusätzlich bestehenden „Gefäßfaktor“. Diesen „Knorpelfaktor“ trennen wir sowohl von der Achondroplasie als auch vom thanatophoren Zwergwuchs ab. Die durch das wachsende Gehirn ausgelösten abnormen Spannungen führen zu Rückwirkungen auf die sich verknöchernde Schädelbasis und zu einer abnormen Kalottenform. In welchem Ausmaß neben der zum Teil sekundären Gefäßveränderung ein sicher vorhandener primärer Gefäßfaktor in der Kalotte eine Rolle spielt, können wir zur Zeit nicht entscheiden.

Literatur

Aita, J.A.: Congenital facial anomalis with neurologic defects. A clinical atlas. Springfield, Ill/USA: Charles C. Thomas 1969

Angle, C. R., McIntire, M. S., Moore, R. C.: Cloverleaf skull: Kleeblattschädeldeformity Syndrome. Amer. J. Dis. Child. *114*, 198–202 (1967)

Arbelo, A., Castroviejo, I. P., Belaustegui, A., Arguelles, A: Kleeblattschaedel-Syndrom (Craneo en hoja de trebol). A proposito de un caso. Ref. pediát. *8*, 69–73 (1968)

Arseni, C., Horvath, L. Ciurea, V.: Cloverleaf skull. Acta neurochir. (Wien) *27*, 223–230 (1972)

Bernard, K.: Über das „Kleeblattschädel"-Syndrom. Inaug. Diss. Frankfurt 1970

Blechschmidt, E.: Humanembryologie. Prinzipien und Grundbegriffe. Stuttgart: Hippokrates-Verlag 1974

Bloomfield, J. A.: Cloverleaf skull and thanatophoric dwarfism. Aust. Radiol. *14*, 429–434 (1970)

Bonucci, E., Nardi, F.: The cloverleaf skull syndrome. Histological, histochemical and ultrastructural findings. Virchows Arch. Abt. A. *357*, 199–212 (1972)

Bowlby, A. A.: A descriptive catalogue of the anatomical and pathological museum of St. Bartholomew's Hospital. Vol. II, p. 17. London: Churchill 1884 (zit. nach Partington, M. W. et al.)

Burkhardt, L.: In: Handbuch der speziellen pathologischen Anatomie und Histologie. IX. Band, Bewegungsapparat. (Hrsg. E. Uehlinger) 7. Teil: Pathologische Anatomie des Schädels. S. 116–117. Berlin–Heidelberg–New York: Springer 1970

Burkhardt, L.: In: Dysostosen, generalisierte und lokalisierte Knochenentwicklungsstörungen. Diskussion, S. 112. Verh. der 9. Tagung der Gesellschaft für Konstitutionsforschung im Oktober 1965 zu Freiburg i. Br. (Hrsg. H.R. Wiedemann) Stuttgart: G. Fischer 1966

Büttner, H. H.: Über Ankylosen beim „Kleeblatt"-Schädel-Syndrom. Inaug. Diss. Magdeburg 1965

Büttner, H. H.: Über Ankylosen beim „Kleeblatt"-Schädel-Syndrom. Zbl. allg. Path. *112* 383–390 (1970)

Camera, G., Verri, B.: Si una nouva osservazione die nanismo tanatoforo associato a cranio a trifoglio. Pathologica *66*, 105–112 (1974)

Camera, G., Mantegazza, F., Damiani, S.: Associazione tra cranio a trifoglio e nanismo tanatoforo (primo caso della letteratura italiana). Pathologica *65*, 181–187 (1973)

Castroviejo, I. P., Company, S. R.: El craneo en Hoja de Trebol Forma. Muy Precoz de Craniosinostosis. Anales del Desarollo *15*, 27–33 (1969)

Castroviejo, I. P.: Diagnostico Clinico-Radiologico en Neurologia Infantil. S. 108–111. Barcelona–Madrid, Lissabon–Rio de Janeiro–Mexico: Ed. Cientifico 1971

Cohen, M. M.: The Kleeblattschädel phenomen: Sign or Syndrome? Amer. J. Dis. Child. *124*, 944 (1972)

Cohen, M. M.: An etiologic and nosologic overview of craniosynostosis syndromes. Birth Defects Original Article Series 1974. *11* (2), 137–189 (1975)

Comings, D. E.: The Kleeblattschädel syndrome: A grotesque form of hydrocephalus. J. Pediatr. *67*, 126–129 (1965)

Deggeler, C.: Beitrag zur Kenntnis der Architektur des fetalen Schädels. Zschr. f. d. ges. Anatomie, *111*, 470–489 (1942)

Dietrich-Weinnoldt, H.: Ein Hydrocephalus chondrodystrophicus congenitus mit vorzeitigen Nahtsynostosen. Zieglers Beitr. path. Anat. *75*, 259–268 (1926)

Doerr, W.: Über die geburtstraumatische Nahtsynostose des kindlichen Schädeldaches. Zschr. Kinderheilk. *67*, 96–122 (1949)

Dziallas, P.: Zur Entwicklung des menschlichen Schädeldaches (vorläufige Mitteilung). Anatomischer Anzeiger, *100*, 236 (1953/54)

Eaton, A. P., Sommer, A., Sayers, H. P.: The Kleeblattschädel anomaly. Birth Defects Original Article Series. *11*, 2, 238–46 (1975)

Eisen, J.: Congenital facial anomalies with neurologic defects. A clinical atlas. Springfield, Ill/USA: Charles C. Thomas 1969 (zit. nach Aita, J. A.)

Elsner, W.: Beitrag zur Chondrodystrophie. Inaug. Diss. München 1939

Feingold, M., O'Connor, J. F., Berkman, M., Darling, D. B.: Kleeblattschädel syndrome. Amer. J. Dis. Child. *118*, 589–594 (1969)

Feingold, M., Miller, D., Bull, M.J.: The demise of a syndrome. Syndrome Identification I/2, 21 (1973) (zit. nach Hodach, R.J. et al.)

Flensborg, E. W.: Clover-leaf cranium (Kleeblattschädel, Holtermüller-Wiedemann). Dansk Paediatrisk selskab d. 13/10–71. *61*, 510 (1972)

Flensborg, E. W.: Persönliche Mitteilung 1975

Gates, R. R.: The african pygmies. Acta Geneticae Medicae et Gemelloligiae *7*, 159–218 (1958)

Geormaneanu, M.: Sindromul craniu in frunza de trifoi. Viata med. *20*, 597–598 (1973)

Gerken, H.: Zur Klinik des Kleeblattschädel-Syndroms. In: Dysostosen, generalisierte und lokalisierte Knochenentwicklungsstörungen, S. 97–102. Verh. der 9. Tagung der Gesellschaft für Konstitutionsforschung im Oktober 1965 zu Freiburg i. Br. (Hrsg. H. R. Wiedemann) Stuttgart: G. Fischer 1966

Gorlin, R.J., Sedano, H.: Cloverleaf skull (hydrocephalus chondrodystrophicus congenitus, Kleeblattschädel syndrome). Mod. Med. *39*, 176–177 (1971)

Grimm, H., Wustmann, I.: Anthropologische Objekte in einem Museum für Naturkunde. Wissenschaftl. Zschr. der Humboldt-Universität zu Berlin, Math.-Nat. R. XIX, 138–146 (1970)

Gruber, G. B.: Kraniopathologische Vorweisungen. 1. Hydrocephalus chondrodystrophicus congenitalis. Verh. dtsch. path. Ges. *20*, 224–228 (1925)

Gruber, G. B.: Weiterer Beitrag zur Frage des angeborenen Wasserkopfes bei Chondrodystrophie. Verh. dtsch. path. Ges. *21*, 315–324 (1926)

Gruber, G. B.: Die Entwicklungsstörungen der menschlichen Gliedmaßen. In: Die Morphologie der Mißbildungen des Menschen und der Tiere. Ein Hand- und Lehrbuch für Morphologen, Physiologen, praktische Ärzte und Studierende. (Hrsg. E. Schwalbe) III. Teil: Die Einzelmißbildungen. Jena: G. Fischer,

Hall, B. D., Smith, D. W., Shiller, J. G.: Kleeblattschädel (cloverleaf) syndrome: Severe form of Crouzon's disease? J. Pediat. *80*, 526–527 (1972)

Haslhofer, L.: Kleeblattschädel. In: Lehrbuch d. spez. path. Anat. II. Band, 4. Teil, 9. Lieferung: Erkrankungen des Knochensystems (Hrsg. Kaufmann, E. und Staemmler, M.) S. 2534–2538. Berlin: W. de Gruyter 1968

Hodach, R. J., Viseskul, C., Gilbert, E. F., Herrmann, J. P. R., Wolfson, J. J., Kaveggia, E. G., Opitz, J.M.: Studies of malformations syndromes in man. XXXVI: The Pfeiffer Syndrome, association with Kleeblattschädel and multiple visceral anomalies. Zschr. Kinderheilk. *119*, 87–103 (1975)

Holtermüller, K., Wiedemann, H. R.: Kleeblattschädel-Syndrom. Med. Mschr. *14*, 439–446 (1960)

Houston, C. S., Awen, C. F., Kent, H. P.: Fatal neonatal dwarfism. J. Canad. Ass. Radiol. *23*, 45–60 (1972)

Iannaccone, G.: Il cranio a trifoglio (Kleeblattschädel-Syndrom). Progr. Med. *30*, 269 (1974)

Iannaccone, G., Gerlini, G.: The so called "cloverleaf skull syndrome". A report of three cases with a discussion of its relationships with thanatophoric dwarfism and the craniostenoses. Pediat. Radiol. *2/3*, 175–183 (1974)

Kirkpatrik, J. A., Capitanio, M. A.: Zit. in: Chasler, C. N.: Atlas of roentgen anatomy of the newborn and infant skull. (Kleeblattschädel-Syndrom – cloverleaf skull). S. 188–189. London: Adam Hilger 1972

Kokott, W.: Über den Bauplan des fötalen Schädels. Morph. Jahrb. *72*, 341–361 (1933)

Krauspe, C.: Schädelbildung und -verbildung. Med. Klinik *53*, 568–578 (1958)

Kucera, J.: zit. nach I. W. Lenz: Morphologische und genetische Gesichtspunkte zur Nosologie generalisierter Skelett-Anomalien in: Dysostosen, generalisierte und lokalisierte Knochenentwicklungsstörungen, S. 11. Verh. der 9. Tagung der Gesellschaft für Konstitutionsforschung im Oktober 1965 zu Freiburg i. Br. (Hrsg. H. R. Wiedemann) Stuttgart: G. Fischer 1966

Lambl: Beobachtungen und Erfahrungen aus dem Gebiete der Medicin überhaupt und der Paediatrik insbesondere. I. Theil. Beobachtungen und Studien aus dem Gebiete der pathologischen Anatomie und Histologie. – I. Pathologische Erscheinungen an kindlichen Schädeln. Difformitäten bei Hydrocephalus. Exencephalitische Protuberanten. Synostosen und Asymmetrien. Rachitis, Kraniotabes und Kraniomalacie. Beziehungen des Gehirns zum Schädelwachstum. Prag: Verlag von Friedrich Tempsky 1860

Lenz, W.: Isolierte Chondrodystrophie des Schädels („Kleeblattschädel"). In: Humangenetik, II: Anomalien des Wachstums und der Körperform (Hrsg. Becker, P. E.) S. 79–80 Stuttgart: Thieme 1964

Lenz, W., Weissenbacher, G., Zweymüller, E.: Thanatophorer Zwergwuchs. Zschr. Kinderheilk. *111*, 162–174 (1971)

Liebaldt, G.: Das „Kleeblattschädel-Syndrom als Beitrag zur formalen Genese der Entwicklungsstörungen des Schädeldaches. Ergeb. allg. Path. path. Anat. *45*, 23–38 (1964)

Liebaldt, G.: Zur Patho-Anatomie des Kleeblattschädel-Syndroms. In: Dysostosen, generalisierte und lokalisierte Knochenentwicklungsstörungen, S. 102–113. Verh. der 9. Tagung der Gesellschaft für Konstitutionsforschung im Oktober 1965 zu Freiburg i. Br. (Hrsg. H. R. Wiedemann) Stuttgart: G. Fischer 1966

Limborgh, J. van: A new view on the control of the morphogenesis of the skull. Acta Morphol. Neerl. *8*, 143–160 (1970)

Loschge, F. H.: Beschreibungen einiger Mißbildungen an dem Kopfe und den Zungenbeinen eines Kindes. Beiträge für die Zergliederungskunst. S. 313–337, Fig. I–VII. Leipzig 1800

Loschge, F. H.: De sceleto hominis symmetrico. S. 65. Erlangen 1795

Maroteaux, P., Lamy, M., Robert, J. M.: Le nanisme thanatophore. Presse méd. *75*, 2519–2524 (1967)

Mason, J. N.: Cranifacial Lysostosis Cronzon's Type. J. Oklahoma Med. A. *54*, 540–543 (1961)

Meyer, R.: Zur Kenntnis einiger Schädelanomalien der Neugeborenen; Schaltknochen und Defekte der Schädeldeckknochen. III. Hypoplasie, Aplasie und Defekte der Schädeldeckknochen. Arch. Gyn. *96*, 280–300 (1912)

Meyer, R.: Hydrocephalus chondrodystrophicus mit Bemerkungen über den „Perioststreifen" bei Chondrodystrophie. Virchows Arch. Path. Anat. *253*, 766–774 (1924)

Moscatelli, P., Gill, P., Perfumo, F.: Su un raro caso di sinostosi intrauterine delle suture coronarie e lambdoidee: Suoi possibili rapporti con la sindrome di Holtermüller e Wiedemann. Clin. Pediat. *50*, 972–978 (1968)

Nawalkha, P. L., Mangal, H. N.: Kleeblattschädel deformity syndrome. Report of a case. Indian J. Pediat. *37*, 478–480 (1970)

Neumärker, K.-J., Neumärker, M.: Klinischer und neuroradiologischer Beitrag zum Kleeblattschädelsyndrom. Zschr. Kinderheilk. *113*, 151–160 (1972)

Paget, J.: A descriptive catalogue of the anatomical museum of St. Bartholomew's hospital. S. 210. London: Churchill 1851 (zit. nach Partington, M. W. et al.)

Parrot, J. M.: Sur la malformation achondroplasique et le dieu Phtah. Bulletin Société d'Anthropologie de Paris. *III, 1*, 296–310 (1878)

Partington, M. W., Gonzales-Crussi, M. W., Khakee, F., Wollin, S. G., Wollin, D. G.:

Cloverlaef skull and thanatophoric dwarfism. Report of four cases, two in the same sibship. Arch. Dis. Childh. *46*, 656–664 (1971)

Pea, S. D. J.: Kleeblattschädel anomaly – which one? Syndrome identification. *II, 1*, 27 (1974) (zit. nach Hodach, R. J. et al., 1974)

Pratsvinas, J. U., Rodriguez-Soriano, J., Pastor Cordoba, Cotero Lavin, A., Martin Vargas, L.: Etude neuro-radiologique d'un cas de syndrome de crâne en feuille de trèfle. Associé avec le syndrome de „Moya-Moya". Bordeaux médical, 6, 11, 1635–1641 (1973)

Reinicke, E.: Kleeblattschädel-Syndrom Holtermüller-Wiedemann. Dt. Gesundh.-Wesen *30*, 599–601 (1975)

Rimoin, D. K., Hughes, G. N., Kaufman, R. L., Rosenthal, R. E., McAlister, W. H., Silberberg, R.: Endochondral ossification in achondroplastic dwarfism. New. Engl. J. Med. *283*, 728–735 (1970)

Rodriguez-Soriano, J., Prats, J. U., Cotero, A., Martin-Vargas, L. M.: Une forme inhabituelle d'hydrocéphalie: le syndrome du „crâne en trêfle". Arch. franc. Péd. *30*, 206 (1973)

Rogovits, N. G., Weissenbacher, G., Zweymüller, R.: Homozygote Achondroplasie und thanatophorer Zwergwuchs. Pränatal diagnostizierbare Skelettstörungen. Geburtsh. und Frauenheilk. *32*, 184–191 (1972)

Rosenbaum, K. N., Weisskopf, B.: Kleeblattschädel-Syndrom. J. Ky. Med. Ass. *69*, 594–597 (1971)

Rudolphi, K. A.: Über den Wasserkopf vor der Geburt, nebst allgemeinen Bemerkungen über Mißgeburten (gelesen in der Akademie der Wissenschaften am 1. April 1824). Berlin, aus dem Jahre 1824 (1826) 121–130 (Fig. 2–7)

Ryan, J., Kozlowski, K.: Radiography of stillborn infants. Aust. Radiol. *15*, 213–226 (1971)

Schmid, F.: Paediatrische Radiologie. Lehrbuch in 2 Bänden. Bd. I Stützgewebe – Zentralnervensystem – Syndrome. S. 19. Berlin–Heidelberg–New York: Springer 1973

Schmid, F., Künle, A.: Das Längenwachstum der langen Röhrenknochen in bezug auf Körperlänge und Lebensalter. Fortschr. Röntgenstr. *89*, 350–355 (1958)

Schott: Seltene Schädelmißbildung. Wiener Med. Blätter *4*, 601–606 (1881)

Schuch, A., Pesch, H.-J.: Beitrag zum Kleeblattschädel-Syndrom. Zschr. Kinderheilk. *109*, 137–198 (1971)

Shiller, J. G.: Craniofacial dysostosis o Crouzon. A case report and predigree with emphasis on heredity. *23*, 107 (1959)

Shore, T. H. G.: A descriptive catalogue of the pathological museum of St. Bartholomew's Hospital medical college. S. 1632. London: Adlard 1929 (zit. bei Partington, M. W. et al.)

Smith, M.: Über Rachitis foetalis. Nach einer Beobachtung aus dem Züricher Kinderspital. Jahrb. Kinderheilk. u. phys. Erziehung *15*, 79 (1880)

Spranger, J.: Internationale Nomenklatur konstitutioneller Knochenerkrankungen (Die Pariser Nomenklatur). Fortschr. Röntgenstr. *113*, 283–287 (1970)

Stark, D.: Embryologie. Ein Lehrbuch auf allgemein biologischer Grundlage. Stuttgart: Thieme 1965

Steinmetz: V. Clinische Beiträge. 5. Wasserkopf. In: Journal der Chirurgie und Augenheilkunde. (Hrsg. von C. F. v. Gräfe und Ph. v. Walther) *19*, 119–120 (1833), Tafel I, Fig. 6, 7, 8.

Theiler, K.: Embryonale und postnatale Entwicklung des Schädels. In: Handbuch der medizinischen Radiologie. Bd. VII/1. S. 36–42. Berlin–Göttingen-Heidelberg: Springer 1963

Töndury, G.: Über den Bauplan des fötalen Schädels. Rev. Suisse zool. *49*, 194–200 (1942)

Virchow, R.: Untersuchungen über die Entwicklung des Schädelgrundes im gesunden und krankhaften Zustande und über den Einfluß derselben auf Schädelform, Gesichtsbildung und Gehirnbau. Berlin: G. Reimer 1857

Vrolik, M.: Tabulae ad illustrandem embryogenesin hominis et mammalium tam naturalem quam abnormen. Tabula 35, 36. Hydrocephalus internus. Amsterdam: Londonek 1849

Watters, E. C., Hiles, D. A., Johnson, B. L.: Cloverleaf skull syndrome. Amer. J. Ophthal. *76*, 716–720 (1973)

Weingärtner, L.: Das Holtermüller-Wiedemann'sche Syndrom (Kleeblattschädel-Syndrom). Mschr. Kinderheilk. *109*, 47–51 (1961)

Welter, H.: Zur Frage des Hydrocephalus chondrodystrophicus congenitus. Zieglers Beitr. path. Anat. *97*, 1–8 (1936)

Widdig, K., Steinhoff, R., Günther, H.: Beitrag zum Kleeblattschädel-Syndrom. Zbl. allg. Path. *118,* 358–366 (1974)

Wiedemann, H. R., Ostertag, B.: Kleeblattschädel und allgemeine Mikromelie. Klin. Paediatr. *186*, 216 (1974)

Wollin, D. G., Binnington, V. J., Partington, M. W.: Cloverleaf skull. J. Canad. Ass. Radiol. *19*, 148–154 (1968)

Young, R. S. et al.: Thanatophoric dwarfism and cloverleaf skull („Kleeblattschädel"). Pediatr. Radiol. *106*, 401–405 (1973)

Danksagung

Für die gute technische Assistenz danken wir Frau SCHAKS, Pathologisches Institut Westend. Die Bilder stammen von Frau SPISLA, Frauenklinik Pulsstraße, Herrn HEINZE, Pathologisches Institut Westend sowie aus dem Institut für Neuropathologie Steglitz. Die Zeichnungen wurden von Frau HEYMANN, ZFFG Westend, Berlin, und Frl. GRESCHAT, Erlangen, angefertigt. Die Untersuchung des Gehirns wurde von Herrn Dr. VON WAECHTER aus dem Institut für Neuropathologie Steglitz ausgeführt.

Frau Dr. STRUCK, Pulsstraße, nahm die Chromosomenuntersuchung an dem *Berliner* Fall vor.

Bei der Untersuchung der wertvollen Museumspräparate aus *Amsterdam, London, Innsbruck, Prag* und *Wien* wurden wir durch mehrere Kollegen unterstützt.

In einer ausgiebigen Korrespondenz mit Prof. WOLLIN aus Kingston/Ontario, Prof. BONUCCI aus Rom und Prof. LENZ aus Münster erhielten wir noch wertvolle Hinweise.

Wir danken Herrn Prof. V. BECKER, Erlangen, für die ausgiebige Beratung und langdauernde Unterstützung.

Sachverzeichnis

Current Topics in Pathology

Continuation of Ergebnisse der Pathologie
Editors: E. Grundmann, W. H. Kirsten

Volume 64: Pulmonary Hypertension Related to Aminorex Intake DNA Injuries, Their Repair, and Carcinogenesis
Soft Tissue Tumors in the Rat. Visceral Candidosis

107 figures. VI, 228 pages. 1977
Cloth DM 96,–; US $ 42.30
ISBN 3-540-08107-0

Contents: S. Widgren: Pulmonary Hypertension Related to Aminorex Intake. (Histologic, Ulstrastructural, and Morphometric Studies of 37 Cases in Switzerland). – J.L. Van Lancker: DNA Injuries, Their Repair and Carcinogenesis. – C. Thomas, H.J. Steinhardt, K. Küchemann, D. Maas, U.N. Riede: Soft Tissue Tumors in the Rat. (Pathogenesis and Histopathology). – K. Salfelder, K. Ueda, E.L. Quiroga, J. Schwarz: Visceral Candidosis (Anatomic Study of 34 Cases).

Volume 65
124 figures, 24 tables. Approx. 230 pages. 1977
Cloth DM 96,–; US $ 42.30
ISBN 3-540-08330-8

Contents: H.-V. Gärtner, T. Watanabe, V. Ott, A. Adam, A. Bohle, H.H. Edel, R. Kluthe, E. Renner, F. Scheler, R.M. Schmülling, H.G. Sieberth: Correlations Between Morphologic and Clinical Features in Idiopathic Perimembranous Glomerulonephritis (A Study on 403 Renal Biopsies of 367 Patients). – J. Thiele: Human Parathyroid Gland: A Freeze-Fracture and Thin Section Study. – A. Bohle, U. Helmchen, K.E. Grund, H.-V. Gärtner, D. Meyer, K.D. Bock, M. Bulla, P. Bünger, L. Diekmann, U. Frotscher, K. Hayduk, W. Köster, M. Strauch, F. Scheler, H. Christ: Malignant Nephrosclerosis in Patients with Hemolytic Uremic Syndrome (Primary Malignant Nephrosclerosis). – A.M. Novi: Development of Liver Carcinogenesis in Rats After Aflatoxin B_1 Administration. (A Light and Electron Microscopic Study.) – J. Schwarz, K. Salfelder: Blastomycosis.

Sitzungsberichte der Heidelberger Akademie der Wissenschaften
Mathematisch-naturwissenschaftliche Klasse
Jahrgang 1976, 5. Abhandlung

Cardiomyopathie

idiopathische und erworbene, Formen und Ursachen
(Vorgelegt in der Sitzung vom 30. August 1976)
Von W. Doerr, J.A. Robner, R. Dittgen, P. Rieger, H. Derks, G. Berg
36 Abbildungen. 41 Seiten. 1976
DM 50,–; US $ 22.00
ISBN 3-540-08033-3
Dieser Band bringt einen Erfahrungsbericht über zahlreiche klinisch genügend gesicherte Fälle sogenannter idiopathischer Kardiomyopathie auf Grund der morphologischen Untersuchung der Katheter-Biopsate. Diese Beobachtungen werden ergänzt durch elektronenmikroskopische Untersuchungen an kardiomyopathischen Goldhamstern. Als pathogenetischer Drehpunkt der idiopathischen Kardiomegalie wird eine Fehlsynthese der kontraktilen Muskelproteine angenommen.

Jahrgang 1977, 2. Abhandlung

F. Gross

Homo Pharmaceuticus

(Vorgelegt in der Sitzung vom 22. Januar 1977)
1 Abbildung. 30 Seiten. 1977
DM 15,–; US $ 6.60
ISBN 3-540-08335-9
Inhaltsübersicht: Einleitung. – Der Mensch als Produzent von Arzneimitteln. – Der Mensch als Konsument von Arzneimitteln. – Zusammenarbeit zwischen Produzent und Konsument.

Preisänderungen vorbehalten